테크니컬 자수기를 활용한
전자섬유 제품

테크니컬 자수기를 활용한
전자섬유 제품

임대영, 이수현, 노수현 지음

교문사

머 리 말

기술과 감성의 융합이 빈번해진 사회이다. 전통적인 소비재 산업인 섬유패션산업은 전자, 전기, 컴퓨터, 메카트로닉스 등의 기술을 만나 ICT 융합섬유라는 새로운 모습으로 4차 산업혁명시대를 선도하고 있다.

전자섬유는 ICT 융합의 핵심소재로서 섬유의 속성은 유지하면서도 정보통신, 에너지, 초경량, 고강도 등 새로운 고기능이 부여되어 스마트 의류 및 웨어러블 디바이스 등에서 전기적 기능을 수행한다.

전자섬유를 만들기 위해서는 새로운 기술을 개발하기도 하지만, 기존의 의류 제조 산업에 사용했던 기술을 응용하기도 한다. 그 중 대표적인 것이 자수기술이다. 자수는 동서양을 막론하고 주로 섬유제품에 장식성을 가미하기 위하여 활용되었으나, 전자섬유에서는 전도사나 전자부품을 직물에 결합하는 용도로 사용되고 있다. 그러나 전자섬유라는 개념은 비교적 근래에 등장한 것이며 섬유, 전기, 전자 등의 복합적이면서도 전문적인 지식을 요구하고 있어 전문적으로 배울 수 있는 기회가 적은 편이다. 자수기술 또한 섬유패션산업에서 장식을 위한 보조 수단으로 취급하였고, 손 자수 등의 개인 취미활동 혹은 전용 장비와 프로그램을 통한 상업적 목적으로만 활용되어 관심 있는 일반인이나 초보자가 시도하기 어려운 분야였다.

이 책은 ICT 융합섬유나 스마트 의류에 관심있는 전공자와 일반인들이 테크니컬 자수기를 활용하여 비교적 쉽게 전자섬유를 만들 수 있도록 안내하고자 기획되었다. 1장에서는 전자섬유의 이해를 돕기 위하여 기본적인 전자섬유의 개념과 종류, 제조방법, 활용 분야와 기능을 설명하였다. 2장에서는 주요 제작 기술의 하나인 자수기법의 역사와 특징, 기술별 적용 사례와 외관 등을 서술하였다. 또한 테크니컬 자수기술이 접목된 전자섬유의 기술을 제품사례와 기능을 중심으로 소개하였다. 3장과 4장에서는 테크니컬 자수 장비와 전용 프로그램을 통해 전자섬유를 제작하기 위한 순서를 소개하고 실습할 수 있는 예제를 수록하였다. 특히 워크북의 형식으로 LED 와펜, LED 파우치, LED 브라탑, 발열방석, 터치센서장갑 등의 제품 제작과정을 상세하게 기록함으로써 누구나 쉽게 전자섬유를 만들 수 있도록 구성하였다.

이 책이 세상에 등장하기까지 수년간 축적된 기술의 노하우와 시제품 개발 사례를 공유해준 한국생산기술연구원 및 스마트텍스트로닉스센터의 연구원들과, 이 책의 출판을 위하여 애써주신 교문사 직원들께 감사의 마음을 전한다. 마지막으로 전자섬유와 자수기술에 대하여 흥미를 가진 모든 분들에게 이 책이 이해와 관심의 도화선이 되기를 희망한다.

2021년 11월

저자 일동

차 례

CHAPTER 3 테크니컬 자수기법을 활용한 전자섬유 제작

CHAPTER 4 테크니컬 자수기를 활용한 전자섬유 제품의 제작 실습

01

전자섬유(E-TEXTILE)

1.1 전자섬유의 개념

전자섬유란 전통적인 섬유제품에 전기, 전자 및 정보통신 등의 첨단 기술을 적용하여 새로운 부가가치를 창출하도록 만든 신개념의 섬유제품이다. 스마트 직물의 급격한 성장과 발전에 따라 전자섬유, 전도성 섬유, 지능형 섬유, 웨어러블 디바이스, 스마트 텍스트로닉스 등 스마트 직물을 일컫는 다양한 용어들이 혼재되어 사용되고 있다. 따라서 용어로 인한 혼란을 막고 그 특성을 명확하게 설명하기 위하여 ISO, ASTM, AATCC 등의 기구들은 스마트 직물과 관련된 용어들의 표준화 작업을 진행 중이다.

ASTM D8248-20은 스마트 섬유(smart textile)를 전자섬유(E-textile), 금속섬유(metallic fiber), 웨어러블 장치(wearable electronic)와 구분하여 정의하고 있다. 여기에서의 전자섬유는 데이터 처리 가능유무와 관계없이 전기 혹은 전자회로를 생성하기 위한 섬유, 원사, 직물 혹은 최종 제품이나 구성요소를 말한다. 즉, 전기신호를 전달하는 회로를 만들기 위해 필요한 특성을 갖추도록 설계된 직물이라 할 수 있다. 반면 스마트 섬유는 기계적, 열적, 화학적, 전기적, 혹은 다른 요소로부터의 자극에 반응하여 변화되도록 설계된 섬유, 원사, 직물 혹은 최종 제품을 말한다. 마지막 웨어러블 장치

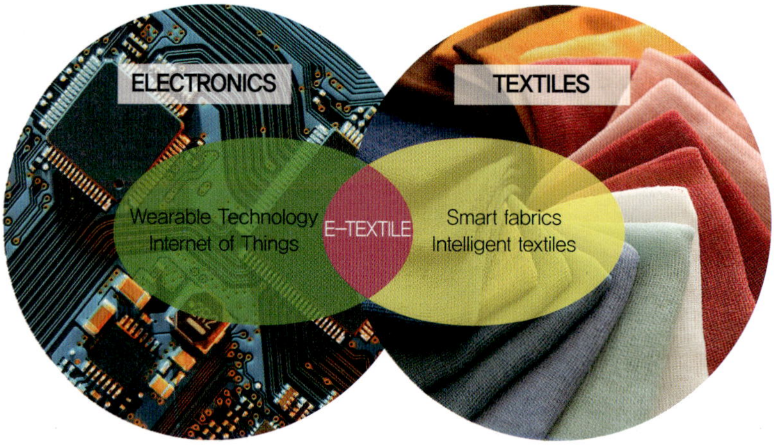

그림 1-1 전자섬유의 정의 및 범위
(출처 : IDTechEx report)

는 액세서리 혹은 의복 내 통합되어 신체에 착용할 수 있는 독립형 전자장치이다.

따라서 전자섬유는 일종의 스마트 섬유에 포함된다고도 할 수 있다. 스마트 섬유는 외부 환경을 스스로 감지하고 반응하는 섬유이므로, 전기적 자극을 수용하고 이에 따라 특유의 기능을 발휘한다. 스마트 섬유는 세부적으로 수동형(passive smart textiles), 능동형(active smart textiles) 또는 초(또는 매우)스마트한 섬유(ultra(or very) smart textiles)로 분류된다. 수동형 스마트 섬유는 섬유를 설계하는 단계에서 기능성을 도입한 것으로 환경에 반응하거나 즉각적인 변화는 없다. 예를 들어 정전기 방지 직물은 직물 자체에 대전성을 구현하여 정전기가 발생하지 않도록 설계한 것으로 주변 환경의 전기적 변화를 감지하지는 않는다. 능동형 스마트 섬유는 수동형에 비하여 발전된 형태로 환경의 변화에 적응하고 대응할 수 있도록 액추에이터(actuator, 작동기)와 센서(sensor)가 내장되어 있다. 최근에는 스마트 섬유가 환경이나 자극을 감지하고 반응하고, 적응하고 변화할 수 있도록 고도로 진보되고 있는데, 이러한 섬유는 초스마트 섬유로 구분한다. 예를 들어 초스마트한 섬유는 측정된 온도에 기초하여 외부 온도를 감지하고 스스로 가열하거나 냉각시킴으로써 자율적인 온도조절기능을 수행한다. 전자섬유는 이중에서도 전도성 재료 및 전자부품들이 통합되어 회로를 구성하는 형태로 건강 모니터링, 생체신호 측정, 온도제어 등의 목적으로 활용된다.

전자섬유가 전기적 특성을 구현하고 이를 변환하여 사용자에게 보여주기 위해서는 배터리나 센서, LED, 스피커, 마이크로 컨트롤러 등의 다양한 액추에이터와 긴밀하게 융합되어야 한다. 그리고 이러한 섬유는 직물 혹은 의류의 구성요소가 되거나 IT제품의 소재 부품으로 사용되며 첨단의 섬유 기반 제품군을 이룬다.

섬유제품에 적용되는 전자섬유는 의류와 같은 착용형 웨어러블 디바이스는 물론 비착용형 섬유제품인 카펫이나 가구, 디스플레이 등에 활용된다. 전자섬유는 이를 제품으로 적용하는 과정에서 소자 자체를 쉽게 구부리고 늘일 수 있기 때문에 활용이 용이하다. 일반적으로는 기계적인 마모나 외력에 의하여 발생하는 응력을 검출하기 위한 목적으로 섬유 기반의 센서나 전도성 실, 직물 및 편성물 등이 사용된다. 이러한 섬유 기반의 센서는 가볍고 부피가 작으면서도 높은 전기적인 특성을 구현할 수 있다는 것이 가장 큰 장점이다. 예를 들어 직물 혹은 편성물의 형태로 제조된 센서는 착용자에 대한 중요한 건강 정보를 감지할 수 있다. 심전도(ECG)를 모니터링하기 위하여 사용하는 섬유 전극은 웨어러블 셔츠에 내장되어 착용자의 건강상태를 모니터링한다. 이러한 전극은 섬유의 형태이므로 의복을 착용하는 동안 지속적으로 데이터를 전달할 수 있어 장기간에 걸쳐 환자를 모니터링하는 의료 목적으로도 유용하다.

전도성을 가진 실과 전자 디바이스를 결합시킨 형태의 전자섬유는 일반적으로 센서와 회로, 기판층과 보호층 등의 다층 구조로 이루어진다. 예를 들어 배터리 및 슈퍼 커패시터 등의 섬유 기반 전원 소자나 생체신호 및 환경을 감지하기 위한 섬유 기반 센서, 신호처리와 연산 등을 위한 섬유 기반의 프로세서, 디스플레이 및 조명 기능의 섬유 기반 정보 표시 소자 등이 이에 속한다. 여기에서 중요한 기술은 전자섬유의 유연성과 내구성은 유지하면서도 섬유와 전자 장치를 견고하게 결합하는 것이다. 이러한 관점에서 전도성 실을 사용한 자수 및 봉제와 같은 연결방식은 가장 견고하면서도 전자섬유가 가지는 고유의 유연성과 전도성을 그대로 유지할 수 있다.

이와 같이 전자섬유는 기존의 금속이나 세라믹, 필름과 비교하여 신축성과 형태 안정성, 유연성 등이 우수함에 따라 섬유 기반의 전기전자 부품으로 적용되어 소비자들의 쾌적성과 관리의 편이성을 충족시킬 수 있는 첨단 소재로 인정받고 있다. 특히 웨어러블 산업에 있어서 전자소자와 회로, 센서, 발광다이오드, 스피커, 반도체, 배터리, 안테나, 디스플레이 등과 같이 과거에 사용했던 전자부품 및 제품의 재료를 전자섬유 기반의 부품들로 대체하는 연구개발 및 상용화가 활발하게 진행되고 있다. 따라서 전자섬유의 기능과 적용분야는 지속적으로 확대되며 발전될 것으로 예상된다.

1.2 전자섬유의 역사

일반적인 섬유에 전도성 물질을 사용했다는 증거는 수천 년 전으로 거슬러 올라간다. 그러나 그 용도는 장식적인 목적이나 금속이 가지는 항균성을 활용하려는 등의 일반적인 기능성을 섬유에 도입하려는 것에 지나지 않았다.

현재 통용되는 전자섬유의 개념인 전기적인 특성과 섬유가 결합된 형태는 1990년대부터 연구가 시도되었고, 1990년대 후반에 상용화된 제품들이 시장에 등장하면서 본격적으로 투자와 연구, 그리고 개발이 진행되었다. 즉, 1990년대 후반은 전자섬유가 그 자체로 독특한 산업으로서 자리 잡기 시작한 시점이라 할 수 있다. 그러나 이 시기에는 여러 제품들의 시장 출시가 성공적으로 이루어지긴 했지만, 세부적으로는 일부의 서비스를 제공하거나 한정된 수량으로 생산됨에 따라 시장이 확대되지는 못하였다. 하지만 전자섬유에 대한 개념이 정립되면서 텍스트로닉스(textronics)라는 용어가 등장하였고, 아디다스나 AiQ와 같이 대기업의 내부 혹은 대기업으로부터 분사된 전문 기업들이 설립되기도 하였다. 또한 전자섬유에 대한 학계와 정부의 관심이 고조되면서 다양한 R&D 프로젝트 및 지원 프로그램들이 진행되기도 하였다. 이 당시에 설립된 소규모의 전자섬유 기업과 컨설팅 회사들은 현재까지도 꾸준하게 성장하여 전자섬유 산업의 핵심으로 역할을 발휘하고 있다.

2000년대 이후에는 보다 많은 상용 사례가 등장하였다. 하지만 이러한 학문적, 상업적 기반이 충분히 마련되었음에도 불구하고 전자섬유 산업은 상대적으로 작은 틈새시장에 머물러 있었다.

전자섬유 산업이 다시 한번 관심을 받게 된 것은 2014년에 등장한 '웨어러블'에 대한 개념 덕분이었다. 웨어러블 디바이스란 사람의 몸에 부착하여 별도의 조작 없이 무슨 일인가를 수행할 수 있도록 지원하는 기기로 사물인터넷에 기반한 전기적 신호 전달이 필수적이다. 따라서 웨어러블 디바이스에 가장 적합한 형태인 전자섬유에 대한 관심이 다시 증가하였고, 관련 기업에 대한 자금 지원이 급증하면서 전자섬유 산업의 새로운 기조를 형성하였다. 특히 이 시기에는 대기업의 주도하에 스포츠 및 피트니스 시장을 대상으로 하는 생체인식 모니터링용 섬유제품의 개발이 가장 두드러지게 진행되었다. 자금 지원의 확대는 전자섬유의 상용화를 가속화시켰으며, 기존에는 시도하기 어려웠던 대량판매를 목적으로 하는 전자섬유 제품들이 기획, 출시되었다. 기존에 참여하고 있었던 전통적인 섬유 및 전자산업 관련 기업들뿐만 아니라 스포츠 기업에서도 광범위한 분야로의 투자와 개발에 노력을 기울였다. 그 결과 많은 제품들이 상용화되어 시장에 출시되었고, 클라우드 펀딩을 통하여 자금을 모으려는 전문 플랫폼이 등장하기도 하였다. 언론을 통해서 기술과 패션 분야의 주요 브랜드 제품들이 홍보되었고, 재료 및 제조업체가 증가하면서 새로운 재료들이 전자섬유에 적용되기도 하였다.

그러나 급격한 관심 증대와 무분별한 투자는 수많은 신규기업, 벤처기업들의 난립을 초래하였고, 제품의 품질보다는 수익 추구를 위한 홍보에 집중하면서 부작용이 나타났다. 그 결과 2016년 이후부터 자금 조달 및 제품 출시에 대한 법적 분쟁이 빈번하게 일어났으며, 회사 혹은 담당부서의 폐쇄, 투자 대비 신제품 출시 부족 등의 문제가 발생하였다. 또한 전기적 특성, 웨어러블 디바이스의 기능에 대한 명확한 표준과 실험절차가 부재함에 따라 기술적인 문제도 발생하였다. 시장에 있어서는 공급망이

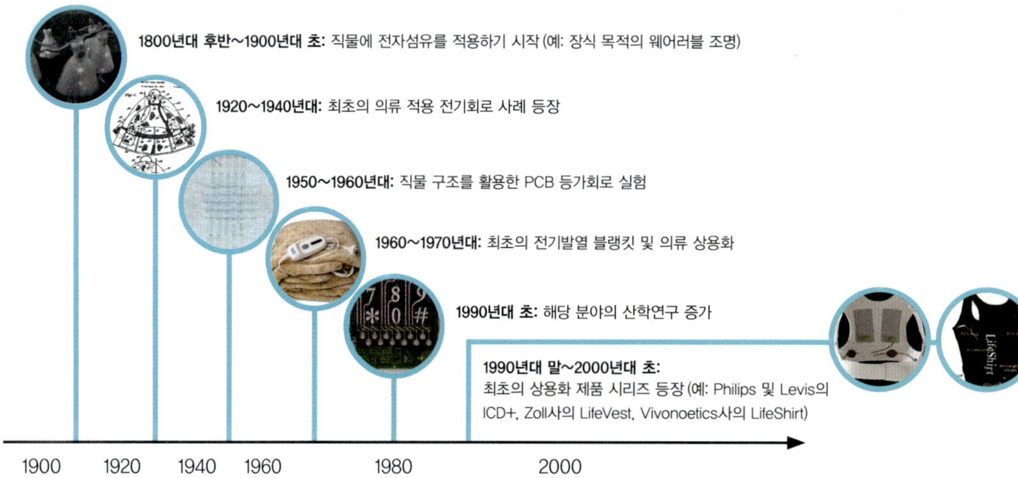

그림 1-2 전자섬유의 발전과정
(출처 : IDTechEx report)

체계적으로 구축되지 못해 효율성이 떨어졌고, 대중에게 제공되는 제품이 가격과 비교했을 때 가치가 크게 떨어짐에 따라 소비자 만족도를 떨어뜨렸다.

이렇게 혼란스러운 시기에도 일부 기업들은 시장의 변화와 기술발전에 따라 기업의 목표를 바꾸고 접근방식을 우회함으로써 제품의 완성도를 향상시켰다. 예를 들어 스포츠용 생체신호 측정을 위한 스마트 셔츠는 상용화를 위한 제품화를 논의하는 과정에서 초기의 기획의도를 수정하여 의료용 혹은 산업용으로 전환하였고, 시장의 흐름을 변화시켰다. 특히 전기적 특성을 활용하는 발열제품은 어떠한 형태이든 전자섬유 내에서 가장 큰 제품군을 형성하며 전체 매출의 85%를 차지하면서 동 시장을 견인하고 있다. 일부 기술의 혁신으로 특정 구성요소는 변화하고 있으나 대부분 대형 배터리와 열선회로, 탄소섬유 혹은 유사한 발열체를 활용한 저항 가열 회로 등의 매우 유사한 기술들이 적용된다.

현재의 전자섬유 시장은 크게 발열과 생체인식 모니터링 등의 기능으로 양분화되는 양상을 보인다. 그러나 세부적으로는 그 용도와 적용 시장이 확대되는 듯하다. 또한 기능에 대한 표준이 등장하였고, 핵심적인 재료의 물성이 개선됨에 따라 제조과정도 간소화되고 있다. 따라서 향후 전자섬유 산업은 점차 시장 범위가 확장되고 안정적인 기능과 품질로 상용화도 활발해질 것으로 기대된다.

1.3 전자섬유의 종류 및 제조방법

전도성 소재란 전기전도도가 높아 전기를 전달하기에 용이한 소재이며, 일반적으로 전도성 소재의 전기전도도는 10^6~10^{-5} S/m 수준으로 알려져 있다. ISO/TR 23383:2020에서는 전기전도성 직물의 전도성이 10^2 S/m 이상, 저항으로는 10^4 Ω·cm 이하이면 우수한 전기전도성을 가진 것으로 간주한다. 전자섬유는 이러한 전기적 특성을 섬유소재에 통합시킴으로써 전력을 제공하거나 입력 및 출력 신호를 전달하는

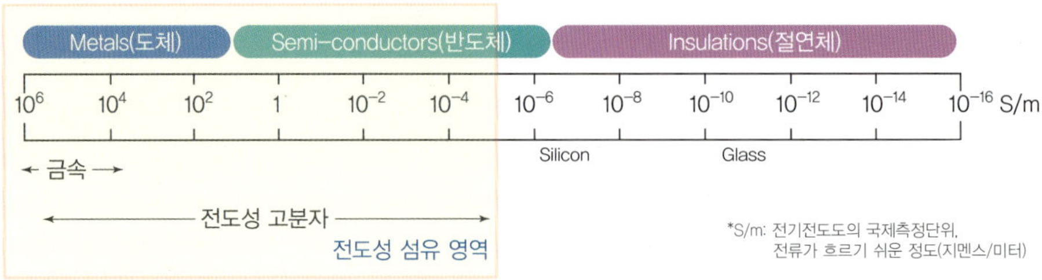

그림 1-3 전도성 소재의 범위

기능을 수행한다.

전자섬유의 개발 초기에는 주로 전기전도도가 높은 금속 소재를 사용하여 섬유를 만들었다. 그러나 이는 일반 섬유로 만든 실보다 무겁고 단단하며 가공성이 떨어진다는 문제가 있어 활용에 제약이 있었다. 이후 이러한 문제를 개선하여 일반 섬유에 금속을 증착시키거나 전도성 고분자를 결합하는 등의 방식이 개발되었다. 실 형태의 전자섬유뿐만 아니라 실을 활용하여 만든 직물 또한 전자섬유의 일종이다. 전자직물은 보통 전도성 실을 사용하여 제·편직하거나 일반 직물 위에 자수 및 코팅 등으로 전도성 소재를 결합시킴으로써 만들 수 있다.

전도사(Conductive yarn)

전도성 원사는 전자섬유 제품에 있어 전력을 제공하거나 전기적 입·출력 신호를 전달하는 기능을 수행할 수 있는 핵심적인 부품소자이다. 일반적인 전자기기에서 전선

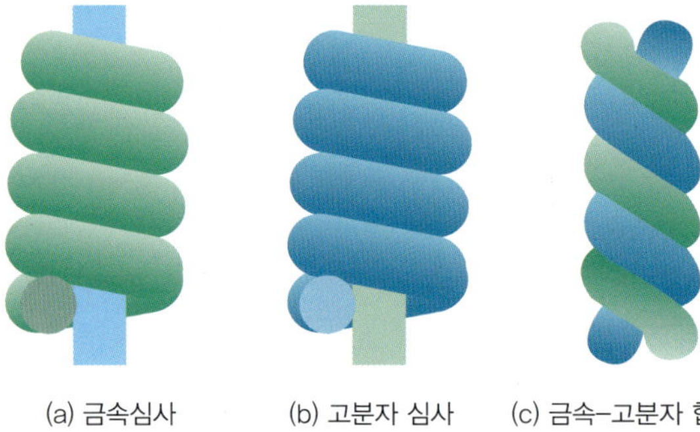

(a) 금속심사 (b) 고분자 심사 (c) 금속-고분자 합사

그림 1-4 전형적인 금속-고분자 하이브리드사의 구조

이나 회로가 하던 역할을 전도성 원사로 대체함으로써 보다 유연하고 착용성이 우수한 제품을 생산할 수 있다.

전기적인 특성을 가진 실을 만드는 간단한 방법 중 하나는 기존의 실에 직접 금속을 혼합하는 것이다. 즉, 금속으로 섬유와 같이 가느다란 필라멘트를 만들게 되면 기존의 실과 동일한 형태로 전도사를 만들 수 있다. 이러한 금속 필라멘트 전도사는 금속 자체의 높은 전도도로 인하여 저항이 매우 낮지만 금속의 낮은 신장성과 탄성으로 인하여 매우 뻣뻣하고 딱딱하다.

금속과 고분자를 결합시킨 하이브리드 구조의 전도사는 금속 필라멘트사의 낮은 신장성을 개선할 수 있다. 그림 1-4와 같이 중심을 금속으로 하고 주변을 고분자 실로 커버링하거나, 반대로 중심을 고분자 실로 하고 금속으로 커버링할 수 있다. 단순하게는 금속사와 고분자사를 서로 꼬아서 하나의 실로도 제조 가능하다. 그러나 금속을 심사로 하는 경우 해당 실로 만든 직물이나 편성물은 일반적인 섬유보다 딱딱하고 신축성이 떨어진다. 반면 고분자를 심사로 하는 구조는 고분자의 신장성이 반영되어 신축성은 좋지만 외부에 노출된 금속이 산화되거나 기계적인 마모가 일어날 수 있어 주의를 기울여야 한다.

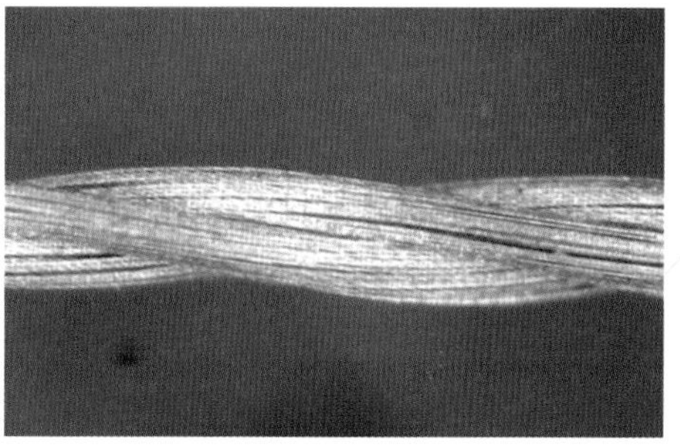

(a) 금속사

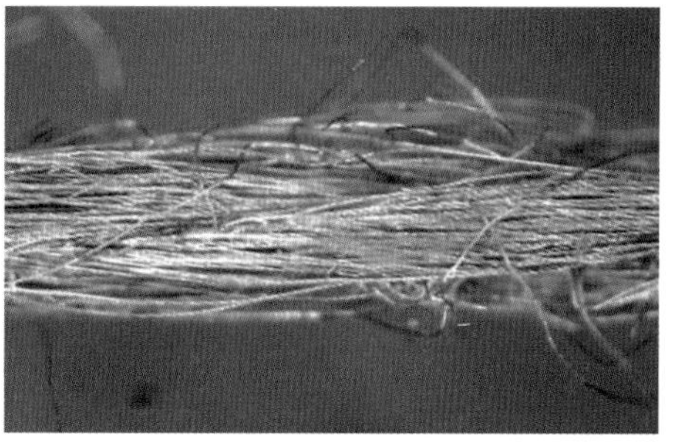

(b) 은코팅 나일론사

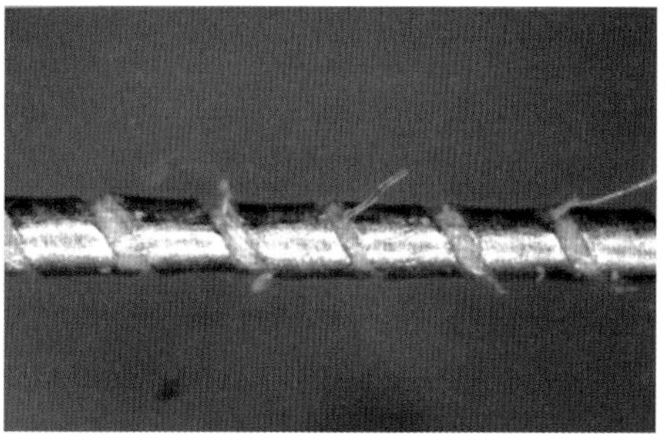

(c) 금속 박지 커버링사

그림 1-5 여러 가지 금속사의 실제 형태

반면 금속을 고분자 섬유에 증착 혹은 코팅하여 제조한 전도사는 현재 시장에서 가장 많이 활용되고 있다. 이러한 금속 증착 전도사는 간단한 처리를 통하여 제조할 수 있는데, 사용되는 금속은 구리, 니켈, 알루미늄, 금, 은 등이며 이러한 금속을 나일론, 폴리에스터, 면, 견, 아라미드, PP와 같은 전통적인 섬유 표면에 증착시킴으로써 다양한 섬유소재에 전도성을 구현한다. 특히 나일론사를 기반으로 하는 은코팅 기술은 안정성 및 전도성의 신뢰성이 확보됨에 따라 상용화 및 시장 확대가 매우 활발하게 이루어지고 있다. 다만 금속이 증착된 실의 경우도 금속 층의 마모 및 박리가 발생할 수 있으며, 그 결과 만들어 놓은 직물에서 실의 단락으로 전도성의 저하 및 상실을 유발시킬 수 있다. 또한 금속이 외부로 노출되어 있으므로 시간에 따른 산화와 이로 인한 색상의 변화, 전도성의 저하는 개선해야 할 문제이다.

최근에는 전도성 물질을 그 자체로 섬유화하는 방법이 시도되는 중이다. 탄소나노튜브나 그래핀, 카본블랙과 같은 탄소재료를 전기방사하거나 증착하는 형태로 섬유화하거나 금속성 코어 물질을 감싸는 등의 복합구조가 개발되고 있다. 이러한 방식은 탄소재료 자체의 강도와 내구성을 확보하는 동시에 형태 변형에 따른 전기저항의 변화가 명확함에 따라 섬유형 센서로 활용되기 가장 용이하다. 따라서 이러한 장점을 활용하여 배터리나 슈퍼 커패시터 등의 재료로 적용함으로써 전자섬유가 가지는 경량성과 작은 부피 등의 추가적인 효과도 획득할 수 있다.

전도성 직물(Conductive fabric)

전도성 직물은 전도사나 전도성 물질을 활용하여 2차원의 직물 형태로 만들어진 것을 의미하며, 직물이나 편성물, 부직포, 레이스, 브레이드 등의 형태가 포함된다. 이러한 전도성 직물은 넓은 범위에서 전기적 신호의 센싱(sensing), 에너지 하베스팅(energy harvesting), 커넥팅(connecting) 등의 기능을 구현한다.

일반적으로 전도성 직물을 만드는 방법은 그림 1-6과 같이 직물이나 편성물을 제작할 때 전도사를 삽입하여 직접 구조 내에 포함시키거나, 전도사로 직물 위에 자수함으로써 부분적으로 전도성을 구현할 수 있다. 또는 탄소나 전도성 고분자, 혹은 금속 합성물과 같은 전도성 물질을 전통적인 직물 표면에 코팅 또는 프린팅하는 방식으로도 전도성 직물의 제조가 가능하다.

가장 간단하지만 신뢰성 있게 전기적 특성을 직물에 도입하는 방식은 금속섬유나 전도사를 활용하여 직접 제직 혹은 편직하는 것이다. 제직이나 편직 공정은 오랜 역사를 지닌 전통적인 직물의 생산 방법이다. 제직 설계나 편성 원리의 다변화를 통하

그림 1-6 전도성 직물의 제조방법

여 직물 내의 구조를 다양하게 변경시킬 수 있음에 따라 다양한 전도성 직물을 제조할 수 있다. 특히 경사와 위사가 반복적으로 교차되면서 제직되는 직물과 달리, 한 가닥의 실로 루프를 형성하면서 제조되는 편성물은 다양한 전도사의 적용이 용이하고 소량생산이 가능하며, 편성기계의 특성에 따라 형태의 변형이나 홀가먼트(whole-garment) 방식으로 완제품을 즉시 생산할 수 있음에 따라 가장 주목받고 있는 전도성 직물 제조방법이다.

(a) 금속사를 이용한 직물　　(b) 자카드 기법을 활용한 구글 자카드　　(c) 편성물 구조의 스트레치 센서

그림 1-7 여러 가지 형태의 전도성 직물
(출처 : IDTechEx report)

반면 전통적인 섬유 산업에서 사용하는 실이나 섬유는 다양한 전도성을 구현하기에 한계가 있으므로 섬유가 아닌 물질, 예를 들어 전도성 잉크나 금속, 전도성 고분자와 같은 물질들을 사용하기도 한다. 즉 이미 만들어진 직물 위에 전도성 물질을 코팅 혹은 프린팅함으로써 전도성 직물을 제조한다. 이러한 방식은 전도성 물질이 가지는 특성을 그대로 활용하여 색상이나 이미지 표현, 발열성능의 구현, 회로 설계 등에 응용할 수 있지만, 드레이프성이나 통기성과 같은 직물이 가지는 고유의 특성을 크게 감소시키며, 전도성 물질과 직물 사이의 견고한 결합이 중요함에 따라 한정적으로 적용된다. 예를 들어 전도성 잉크의 경우 직물 위에 직접 프린팅하여 전도성 직물을 구현하게 되는데, 이때에는 섬유와의 접착성, 전자회로의 연속성 및 균일성, 직물의 움직임에 따른 재료의 유연성 및 신축성을 확보하는 것이 매우 중요하다.

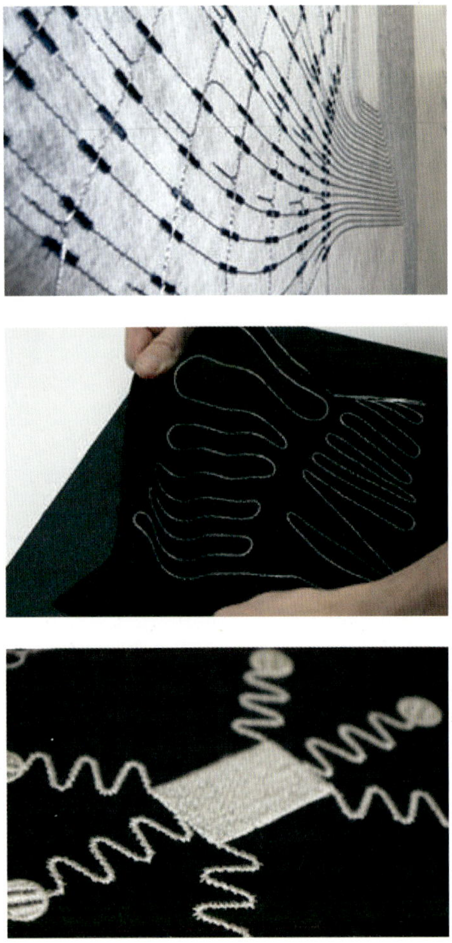

그림 1-8 자수에 의한 전자섬유의 구성
(출처: http://www.frti.ch/en/home/)

기존의 섬유 제조방식을 활용하여 전도성 직물을 만들 경우, 사용하는 전도사가 가지는 탄성이나 강신도, 굵기 등과 같은 물리적 특성이 제조 장비에 적합한지를 확인해야 한다. 또한 최종 제품이 용도에 적합하도록 다양한 표면구조와 물리적 특성, 전기적 특성을 조절해야 한다.

자수기법은 직물이나 편성물 등 기존의 섬유제품 위에 다른 실을 사용하여 정해진 형태를 표현하는 기술이다. 따라서 전도사를 활용하여 직물 위에 특별한 형태를 지니는 전도성 회로를 만드는 데 유용하다. 최근에는 자수기계의 발전에 따라 여러 개의 헤드를 써서 동시에 많은 제품을 만들 수 있으므로 높은 생산성을 지닌다. 여러 가지 자수기법 중 특히 체인 스티치가 섬유 기반의 전자 직물을 구현하는 데 가장 적합한 패턴으로 알려져 있다.

직물이나 편성물과 같은 섬유의 구조는 우수한 인장 및 전단 특성, 드레이프성, 통기성을 가지기 때문에 전자섬유를 활용한 웨어러블 시스템 구성을 위해서 매우 훌륭한 플랫폼이라 할 수 있다. 다만, 전자섬유를 제조함에 있어 가장 중요한 것은 기능은 물론 심미적인 특성까지도 고려해야 한다는 것이다. 또한 전자섬유는 다른 전자기기와의 연결이 용이해야 하며, 적용 부위에 따라 절연이 되거나 내구성이 필요하는 등 많은 요구 조건을 가지고 있다. 특히 섬유제품으로 적용되면 관리적인 측면에서 기계 세탁이나 건조과정이 수반되는데, 이러한 과정에서도 전자섬유의 물성을 유지해야 한다. 따라서 전도성과 같은 기능성은 물론이고 심미성과 관리성을 고려한 장기적인 연구, 개발이 필요하다.

1.4 섬유 및 전자부품의 결합기술

전자섬유는 그 자체로도 센서나 회로로 사용할 수 있지만, 용도와 기능성을 확장하기 위해서는 다양한 전자부품 및 소자와의 결합이 필수적이다. 섬유재료와 전자기기, 배터리, 액추에이터 등과 같은 디바이스를 결합할 때에는 디바이스가 가지는 전기적 특성은 유지하면서도 섬유가 가지는 외관이나 촉감, 내구성 및 신뢰성을 확보하는 것이 중요하다.

현재 섬유와 전자부품을 결합하기 위하여 사용되는 기술로는 스냅단추와 같은 액세서리를 사용하거나 열가소성 접착제, 납땜, 전도성 접착제를 사용하여 부착시키는 방식, 혹은 자수 및 봉제를 통하여 결합시키는 방식 등이 사용되고 있다.

스냅단추(Snap fastener)

스냅단추는 간단하게 웨어러블 디바이스 및 스마트웨어에 적용할 수 있는 전자섬유의 결합방식이다. 이는 사용자에게 친숙한 기존의 의복용 액세서리를 활용함으로써

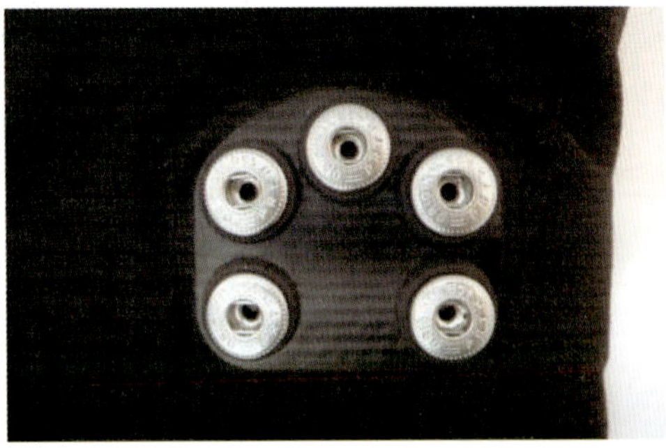

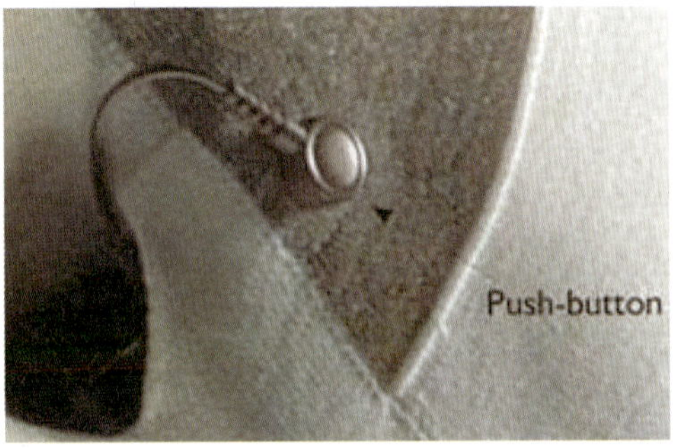

그림 1-9 스냅단추를 활용한 섬유와 전자부품의 연결 사례: OM signal(좌), Warm X(우)
(출처 : IDTechEx report)

사용자 친화성을 높이면서도 저렴하며 세탁성과 내구성도 확보되기 때문이다. 스냅단추가 활용된 전자섬유와 부품의 연결 사례는 그림 1-9와 같이 상용화된 제품에서 많이 확인되고 있다.

열가소성 접착제(Thermoplastic adhesive bonding)

열가소성을 가진 물질을 접착제로 사용하는 결합기술은 고온 혹은 고압으로 접착제를 녹여서 전자부품과 섬유를 연결시키는 방식으로, 전자부품과 전자섬유 사이에 기계적이고 전기적인 연결을 가능하게 한다. 이 방식은 부품과 섬유를 선택적으로 결합시키는 데 용이한 방법이지만, 접착제를 냉각시킨 후 접착제 부분이 고형화됨에 따라 외관을 저해시킬 수 있으며, 고온 혹은 고압의 외력을 가하는 과정에서 전자섬유나

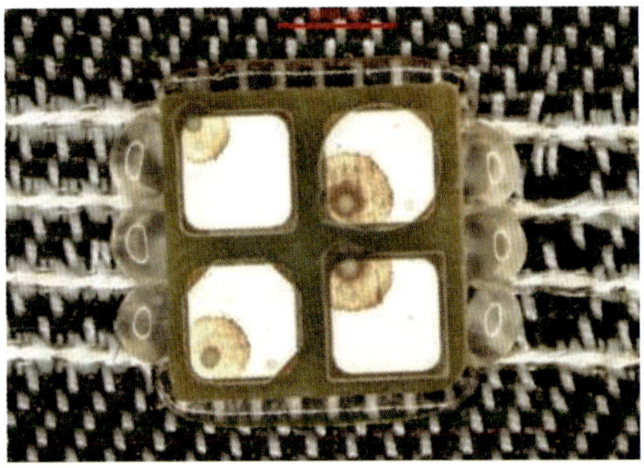

그림 1-10 열가소성 접착제를 활용한 섬유와 전자부품의 연결 사례(Fraunhofer IZM 연구 사례)
(출처 : IDTechEx report)

전자부품의 손상을 유발할 수 있다. 또한 물리적인 결합방식으로 접착시키는 것이므로 부품, 모듈 혹은 디바이스의 탈락을 유의해야 한다.

납땜(Soldering)

납땜은 낮은 융점을 가지는 금속을 사용하여 서로 다른 금속을 연결시키는 것으로 기존 전자산업에서 활용하고 있는 전통적인 결합기술이다. 납땜기술은 전자부품과 섬유를 연결하기에는 적합하지 않지만 친숙하고 안정적인 기술로 자동차 인테리어용 내장재나 산업용 섬유제품 등 유연성이 필요하지 않거나 경제적인 이유로 종종 사용되고 있다. 납땜으로 섬유와 전자부품을 연결하는 경우 결합부위가 깨지거나 외부 환경요소에 의하여 납땜된 부분이 산화되지 않도록 유의해야 한다.

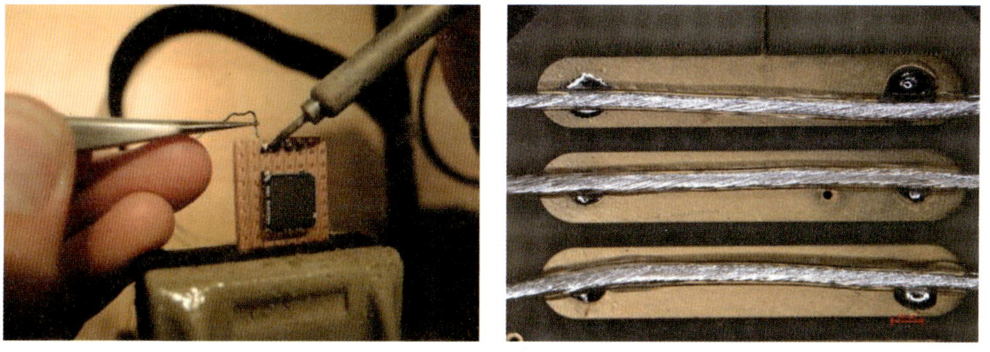

그림 1-11 납땜을 이용한 섬유와 전자부품의 연결 사례: Ohmatex(좌), Fraunhofer IZM(우)
(출처 : IDTechEx report)

전도성 접착제(Conductive adhesive bonding)

최근에는 섬유와 전자부품을 연결함에 있어 영구적인 접착기술을 필요로 할 때, 전도성 접착제나 페인트를 사용하기도 한다. 이 경우 접착이 필요한 부위에 부분적으로 적용되고 있는데, 섬유와의 접착성을 향상시키기 위한 기술개발이 연구 중에 있다. 특히 PEDOT-PSS를 기반으로 하는 전도성 고분자 접착제가 출시되어 상용화됨으로써 결합기술의 시장을 확장하고 있다.

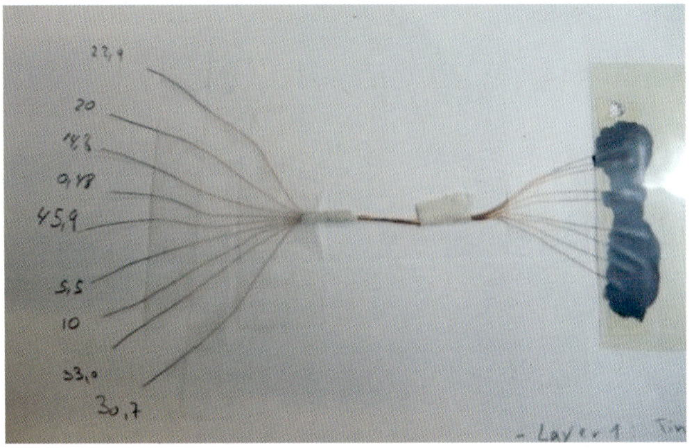

그림 1-12 전도성 와이어 결합을 위한 전도성 접착제(Ohmatex)
(출처 : IDTechEx report)

케이블 배선(Cabling)

일련의 전자부품을 직물이나 의류에 결합시킬 때, 전통적이고 간단한 방법 중 하나는 금속 케이블이나 배선을 사용하는 것이다. 이러한 케이블링 방식은 전기적으로 안정적이고 비교적 유연하며 콤팩트한 연결체(connector)로서 제품의 일부로 포함된다. 예를 들어 전자섬유가 포함된 스마트웨어의 경우 섬유센서와 배터리 등의 전자부품을 연결하기 위하여 케이블 배선을 사용하고 있으며, 이때 솔기 부위에 전략적으로 삽입함으로써 의류의 일부로 통합된다.

케이블은 직물 구조로 일체화된 브레이딩 형태를 취하거나 신축성 있는 섬유 자체를 케이블에 감싸서 활용한다. 또는 특수한 장비를 사용하여 제직, 편직, 방적 등의

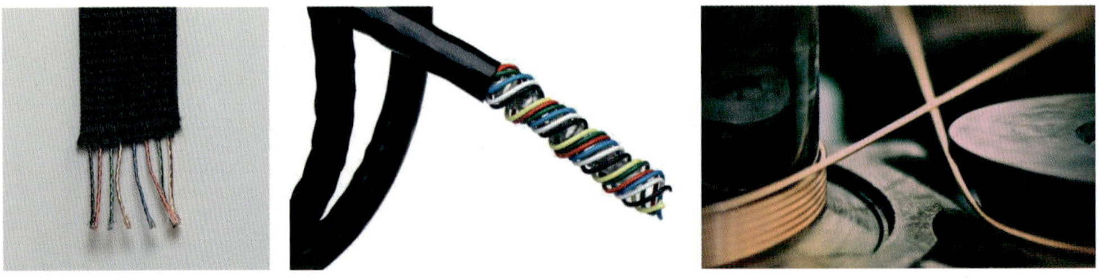

그림 1-13 전자부품 및 섬유 연결을 위해 사용되는 케이블 배선: 텍스타일 리본(좌, 중), 금속 합금 와이어(우)
(출처 : IDTechEx report)

방식으로 합금의 와이어를 의류에 통합시키기도 한다. 일반적으로는 구리와 같은 금속배선을 직물 위에 직접 통합시키는데, 이때 사용되는 금속 배선은 장비에 삽입될 수 있도록 충분히 유연하고 내구성 있는 형태여야 한다.

자수(Embroidery)

자수는 한 가지 방법으로 복잡한 전자장치를 직물에 결합하는 동시에 회로를 구성할 수 있는 유일한 방법이다. 전자장치 결합을 위한 자수기술은 지난 10여 년간 많은 연구가 이루어져 왔다. 자수를 활용하는 방식은 소량 또는 일회성 제품을 생산하는데 매우 효과적이며 고급의 제품을 만들 수 있다. 특히 부피가 작은 제품에서 보드와 회로를 손쉽게 연결하는 동시에 외적으로 심미성을 부여하는 데 용이하다.

자수기법은 센서나 디스플레이의 LED와 같이 작은 부품 및 회로를 연결하는 데 사용할 수 있다. 여기에는 구성 요소를 직렬 혹은 병렬로 연결하기 위하여 패턴화된 전도사 회로를 포함한다. 실이 가지는 본래의 특성뿐만 아니라 크기 및 디자인의 복잡성으로 인하여 센서나 발열체의 회로 구조가 구불구불한 형태가 되어야만 하는 등 사용의 제한이 있다.

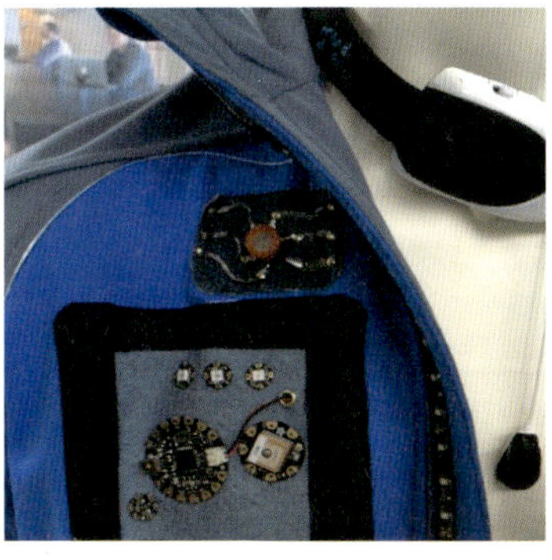

그림 1-14 자수를 활용한 섬유 및 전자부품 연결 사례: 의복제품 연결(좌) 및 멀티헤드 자수기(우)
(출처 : IDTechEx report)

1.5 활용 분야

전자섬유가 적용되는 분야는 용도에 따라 크게 심미적인 분야와 기능적인 분야로 구분된다. 심미적인 분야는 진동, 소리, 열 등에 반응하여 색상 및 발광 등의 효과를 활용하는 경우를 예로 들 수 있으며, 기능적인 분야는 에너지 저장 및 수확, 착용자의 운동능력 향상을 위한 생체신호 감지 및 분석, 유해환경으로부터의 보호 기능 등을 활용한 예가 있다.

전자섬유 시장의 주요 키플레이어(key player)로는 미국의 Google과 International Fashion Machines, Textronics, Sensoria, 캐나다의 Vista Medical Ltd., Myant, 독일의 Interactive Wear, 영국의 Intelligent Clothing 등이 있다. 지금까지 출시되거나 개발된 전자섬유의 활용 분야는 그 기능에 따라 스포츠 및 피트니스, 웰니스, 의료 및 헬스케어, 홈텍스타일, 산업/상업/군사, 패션의 총 6가지 분야로 분류할 수 있다.

스포츠 및 피트니스(Sports & Fitness)

전자섬유의 가장 일반적인 활용 분야 중 하나는 스포츠 및 피트니스 분야이다. 이 분야의 기술과 제품들은 기본적으로 생체신호를 토대로 사용자의 특정 신체 상태 및 운동능력에 대한 데이터를 수집하도록 설계되어 있다.

측정을 위한 센서는 크게 스트레인 센서, 정전용량 센서, 온습도 센서 등이 있으며, 전자섬유와 일체화되어 심박수, 발한량, 호흡수, 근육의 긴장 상태, 사용자의 자세, 위

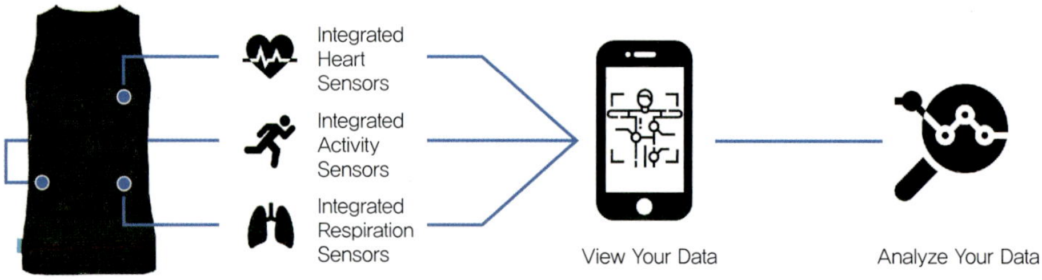

그림 1-15 생체신호 측정 및 활용 시스템의 기본 원리

치, 환경온도 및 체온 등의 데이터를 수집한다. 세부적으로 착용자의 움직임과 활동 유형은 가속도계, 자이로스코프 또는 자력계를 통해 관성운동을 감지하여 평가하며, 심박수는 가슴 접촉 부위에 전극을 삽입하여 측정한다. 호흡수는 전자기 유도센서를 이용하여 가슴의 팽창과 수축을 감지함으로써 호흡 변화량 및 기체량을 측정한다. 착용자의 운동 상태에 대한 신체 반응을 파악하기 위해서 근육에서의 미세한 전류인 근전도를 측정하기도 하는데, 이는 착용자의 부위별 근육의 활동량을 평가하는 방법이다. 신축성 센서를 활용한다면 팔다리나 관절의 상대적인 움직임을 감지하여 운동 시 충격과 관절의 움직임을 측정할 수 있다. 생체신호 측정을 위한 대부분의 센서는 가슴, 팔, 또는 손목에 장착된다. 수집한 정보는 스마트폰 애플리케이션과 연동되어 가시적인 정보로 변환되며, 이를 통해 착용자는 본인의 운동 상태를 점검하고 개선해 나갈 수 있다.

초기의 전자섬유는 현재의 상태정보를 단순히 착용자에게 알려주는 기능만 구현하였지만, 최근의 기술은 착용자에게 더 적절하거나 적용 가능한 기능, 개선이 필요한 기능 등을 제공하기 위하여 발전 및 수정되는 중이다. 일부 시스템의 경우 생체신호와 수집된 운동능력 수치를 토대로 개인별 트레이닝 방법을 제공하기도 한다.

스포츠 및 피트니스 분야 제품의 대부분은 전문적인 관리를 필요로 하는 운동선수를 대상으로 개발되기 시작하였으나, 점차 일반인의 취미영역까지 확장되고 있다. 선수용 제품은 시장규모는 작지만 가격에 민감하지 않으므로 잠재적인 성장률을 보이는 반면, 일반인용 제품은 가격경쟁력은 다소 떨어지지만 활용도가 높고 시장규모가 커서 향후 성장이 기대되는 영역이다.

웰니스(Wellness)

웰니스 분야는 기능상 전기발열 특성을 가진 제품군으로 스포츠 및 피트니스 분야와 의료 및 헬스케어 분야의 중간에 위치하여 경계가 모호한 특성을 보인다. 이 책에서는 웰니스의 활용 분야로 전기발열 성능을 설명하고자 한다.

전자섬유 제품에 있어 전기발열 등의 온도조절 제품은 가장 일반적인 활용 분야 중 하나이다. 동절기용 기능성 아웃도어 의류나 요통 치료에 사용되는 제품들이 이에 해

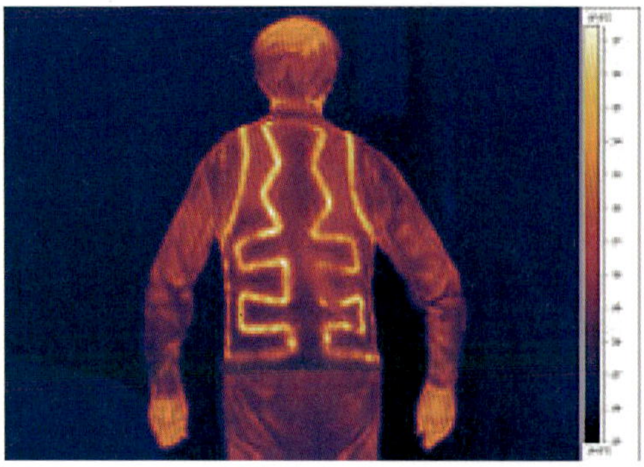

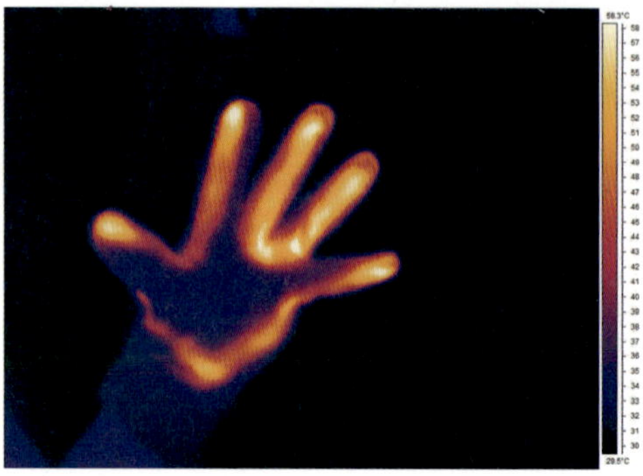

그림 1-16 전자섬유를 이용한 발열조끼와 장갑
(출처: https://en.wikipedia.org/wiki/Heated_clothing)

당된다. 폭넓은 관점에서 스마트 온도조절 시스템으로 하절기용 기능성 의류나 보호장비를 위한 냉각시스템이 개발되고는 있으나 발열시스템이 적용된 제품군과 비교하면 아직 태동기라 할 수 있다. 일반적으로 발열기능의 섬유제품은 극한의 환경에서 체온을 유지하기 위한 목적으로 개발되고 있다. 특히 전기적 특성을 가진 발열제품은 착용자의 발열 요구에 즉각적으로 반응할 수 있으며, 외부환경 및 착용자의 생리상태에 따라 발열온도를 조절하기에도 용이하다.

전기발열 성능을 위해서 사용되는 재료로는 금속의 와이어나 면상의 발열체, 탄소중합체 등을 활용하며, 주로 전류가 흐를 때 도체의 저항에 의하여 열이 발생하는 저항발열의 원리를 이용한다. 인가되는 전압과 발열체의 저항에 따라 발열의 온도가 달라지므로 용도와 제품에 따라 전자섬유의 저항을 적절하게 조절하고, 전압의 범위도 제한함으로써, 착용자는 스마트폰의 애플리케이션 내 온도조절기를 통하여 발열의 구동과 수준을 조절할 수 있다.

현재 섬유제품 및 의류에 적용되는 발열시스템은 잦은 세탁을 필요로 하지 않는 홈텍스타일 및 코트 등의 아우터 의류에 적용하는 방식을 중점에 두고 있다. 성능 측면에서의 가열효율 향상, 전원공급장치와 가열소자의 연결, 발열시스템의 세탁내구성 확보 등이 이루어진다면 향후 웰니스 분야의 성장잠재력은 더욱 증가할 것으로 기대된다.

의료 및 헬스케어(Medical & Healthcare)

건강에 대한 인식이 과거의 치료 위주에서 미래의 예방 위주로 변화하면서 언제 어디서나 편안하게 스스로의 건강상태를 진단하고 치료할 수 있는 헬스케어 기술이 주목을 받고 있다. 의료 및 헬스케어 분야는 전자섬유 산업의 주요 시장인 동시에 엄청난 성장잠재력을 가지고 있는 분야이다. 이 분야는 디지털 기술을 초기단계부터 수용하면서 현재는 성숙단계에 이르렀으며, 디지털 데이터가 의복 및 의료용 텍스타일과 결합되면서 활용범위를 확장하고 있다.

의료 및 헬스케어용 전자섬유는 사전 진단을 위한 상호보완적 수단, 예방을 위한 바이오피드백, 치료 및 치유 등의 목적으로 활용되며, 환자의 생체활력 및 체온 등의 모니터링 기술을 포함한다. 개발 초기에는 항미생물제를 결합한 금속처리 직물로 상처를 치료하거나 부종을 감지하는 센서 등이 연구되었으며, 이후 Smith & Nephew 및 Carolon 등의 의료기기 선진기업들은 전자섬유의 벤처기업들과 협업하여 다양한 연구사례를 실제 현장으로 투입하기 위한 제품화에 노력하고 있다.

의료 및 헬스케어 분야의 제품은 착용자의 체온, 심박수, 혈압 등의 데이터를 수집하고 입원 중인 환자를 원격으로 감시할 수도 있다. 또한 긴급 상황이 발생하면 스마트 슈트의 위치 시스템을 통하여 환자의 위치 파악도 가능하다. 현재 긴급 환자를 위한 의료 목적용 스마트 양말, 유아의 돌연사를 미연에 방지할 수 있는 베이비 슈트, 수술 후 회복을 모니터링하기 위한 스마트 의류 및 베드, 운동 및 재활효과를 극대화시킬 수 있는 운동치료용 제품 등이 있다.

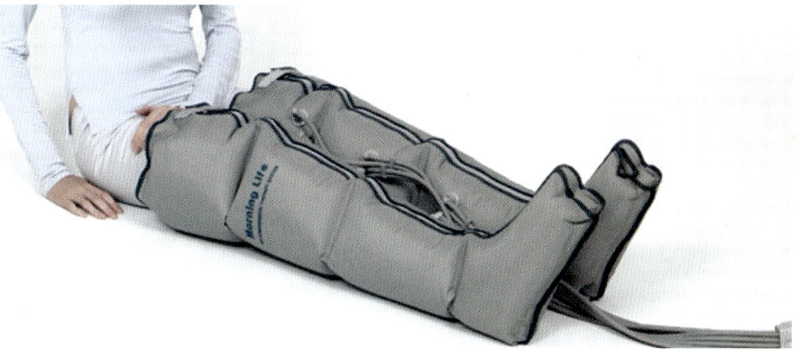

그림 1-17 의료용 압력측정 공기압 다리 마사지기(by 한국생산기술연구원)

홈텍스타일(Home & Lifestyle)

지금까지 전자섬유 시장을 선도하고 있는 것은 의복 형태의 제품이지만, 홈텍스타일 분야에서도 적용 및 활용이 확대될 것으로 보인다. 아직까지는 전자섬유 기술이 적용된 홈텍스타일 시장의 규모가 미미하지만 향후 사물인터넷 기술이 적용된 스마트 홈 구축에 있어 전자섬유는 큰 역할을 발휘할 것으로 기대된다.

수면의 질을 모니터링하는 기술이나 사용자의 쾌적성을 최대화할 수 있는 온열·냉각시스템의 관리, 다른 스마트 기기와의 정보 공유를 위한 전자섬유 시스템 등이 향후 큰 역할을 발휘할 수 있는 기대기술이다. 다수의 홈텍스타일 및 가구 관련 기업들이 이러한 기능을 제품에 도입하기 위하여 노력하고 있으며, 스마트 매트리스 커버나 방석, 스마트 체어 및 카펫 등은 이미 시장에 출시되어 있다.

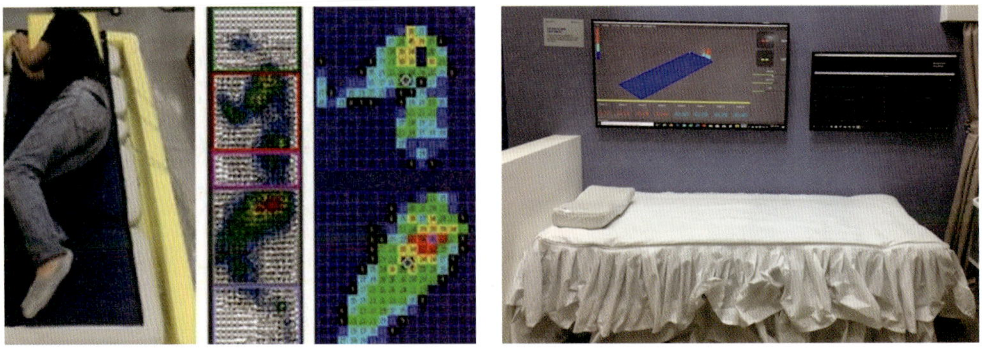

그림 1-18 체압측정 및 모니터링용 스마트 매트리스(by 한국생산기술연구원)

산업, 상업 및 군사(Industrial, Commercial & Military)

전자섬유가 개발되던 초기의 주요 응용분야는 산업용이었다. 특히 2000년대 초반부터 소형 전자부품을 우주복, 소방복, 군복 등에 통합하려는 시도로 전자섬유가 개발되었다. 당시의 개발품들은 주로 소량으로 진행되었으므로, 신뢰성과 기술력을 발전시켜 현재의 전자섬유 제품들이 성장할 수 있는 기반을 마련하였다고도 할 수 있다.

산업, 상업 및 군사 분야의 전자섬유 제품들은 압전효과를 활용하여 에너지 수확 기능을 도입한 섬유형 패널이나 군인의 건강상태를 모니터링하고, 무선 및 유선 통신 기능을 향상시키거나 생화학물질을 감지하는 등 기존 전자기기의 무게를 줄이면서도

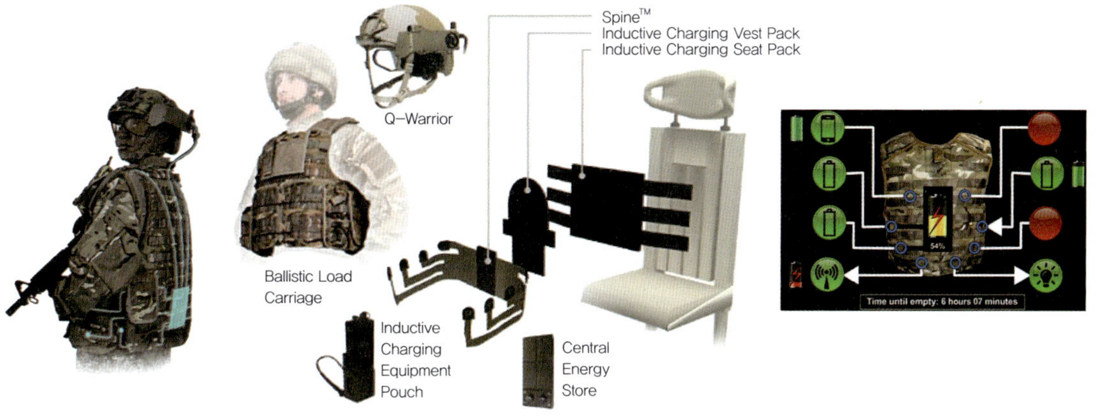

그림 1-19 전자섬유를 활용한 영국 군복
(출처: http://www.dailymail.co.uk/sciencetech/article-3009288/Rise-iSoldier-British-military-kitted-high-tech-vests-augmented-reality-helmets-wearable-chargers.html)

쾌적한 상태로 작전에 임할 수 있는 전자섬유 기반의 제품들이 주류를 이룬다.

현재까지도 다양한 첨단 기술이 융합되며 정부나 공공기관의 주도로 연구개발이 추진되고 있어 다른 분야에 비해 상용화도 더 신속하게 일어나고 있으며, 향후 성장 잠재력도 매우 큰 분야이다.

패션(Fashion)

패션 분야는 전자섬유를 적용하려는 다양한 프로젝트를 통하여 융합이 진행되어 왔다. 센서, 디스플레이, 스마트 안경, 형상기억합금을 활용한 작동장치 등 다채로운 기술이 포함된 제품들이 소개되었고 엔터테인먼트 및 편의를 위한 성능을 구현하였다. 그러나 이들 제품은 모두 일회성에 머물렀다. 혁신적인 기술이 패션제품에 적용되기에 다소 제한점을 지니는 것이다. 이는 패션 분야에 있어서 전자섬유는 소비자의 신뢰성을 얻을 수 있는 만큼의 기능성과 내구성을 갖추지 못했기 때문이다. 잦은 세탁에서도 외관 및 기능이 유지되어야 하며, 연결부위의 내구성이 확보되어야 하고, 착용에 있어서 편의성과 쾌적성도 저해하지 않아야 한다. 이러한 이유로 전자섬유를 적용한 기술들은 광섬유 드레스, 착용형 MP3 의류 등 하이패션에서는 많은 사례들을 확인할 수 있으나, 일상복 시장에서는 그렇지 못하다.

그림 1-20 Levi's의 google trucker jacket
(출처: https://atap.google.com/jacquard/products/levi-trucker/)

이에 2017년 출시된 Levi's의 google commuter jacket은 일상복의 스마트 의류화로 주목을 받았었다. 이 제품은 자카드 방식으로 전도성 직물 센서를 제작하고 착탈식 스냅 태그를 슬리브에 배치하여 스마트폰과 상호작용할 수 있도록 설계함으로써 기존 패션제품에 전자섬유를 적용할 때의 한계를 개선하고 비교적 저렴한 가격으로 시장을 선도하였다. 따라서 제품 품질과 서비스에 대한 소비자의 신뢰성만 확보한다면 큰 규모를 가지는 일상복 시장은 전자섬유의 매력적인 활용 분야로 폭발적인 성장이 가능할 것으로 기대된다.

02

테크니컬 자수

2.1 자수기술의 정의 및 역사

전자섬유의 제조에 있어서 적극적으로 활용되는 접근방식 중 하나는 전통적으로 직물에 장식처리를 위하여 적용하는 자수기법이다. 자수란 바늘과 철사 등을 포함하는 실의 형태로 된 모든 재료를 이용하여 주로 직물에 장식하는 기술로, 여러 가지 색상을 가진 실을 사용하여 원단의 표면과 이면에 밑그림을 수로써 표현하는 기법 및 결과물을 일컫는다. 자수는 지금까지도 직물의 장식을 위한 표면처리 기술로 가장 많이 사용되고 있으며, 수십 년 동안 하이 스트리트 패션, 프레타포르테(pret-a-porter) 및 오뜨꾸뛰르(haute couture) 패션에서 활용되는 디자인 영역이기도 하다.

자수기법을 활용한 수공예품은 거의 모든 세계 문화에서 발견되며, 그 기원은 고대 문명으로 거슬러 올라간다. 손자수로 이어지던 기술은 산업혁명이 시작되면서 기계화를 통해 대량생산되기 시작하였다. 자수기는 1828년 프랑스의 헤일만(Josue Heilmann)에 의하여 발명되었다. 이는 아이작 메릿 싱어(Isaac Merritt Singer)가 재봉틀을 특허로 등록한 1846년보다 훨씬 빠르다. 헤일만이 개발한 자수기는 천을 고정하는 틀과 바늘집, 바늘을 작동시킬 수 있는 손잡이로 구성되었다. 바늘을 원단 위로 이동시키는 것 대신 고정된 바늘 밑에 원단이 이동하도록 구성함으로써 모든 방향으

그림 2-1 헤일만 자수기에 의해 제작된 빈티지 실크 엽서
(출처: https://www.thinkpro.net/blog/2017/evolution-of-machine-embroidery/)

로 스티칭이 가능하도록 설계되었다. 수작업을 대신할 수 있는 자수기의 발명은 당시 사람들의 일자리를 위협하는 것으로 간주되면서 2대의 기계만 상업적으로 판매하는 것에 그쳤으나, 해당 기술은 향후 현대 자수기계의 개발을 위한 기초가 되었다.

컴퓨터가 보급되기 전 대부분의 기계 자수는 종이 카드에 도안을 펀칭한 다음 자수기에 통과시키는 방식을 활용하였다. 대표적으로 스위스의 아이작 그로블리(Isaac Groebli)가 개발한 시플리(Schiffli)라는 기계가 있다. 이는 수개의 멀티 바늘과 보빈의 조합으로 설계되어 수공예적인 자수 디자인을 빠른 시간에 제작할 수 있었다. 기본적인 원리는 재봉틀과 동일한 로크 스티치(lock stitch) 기법을 활용하였고, 화려한 레이스와 자수 작업을 가능하게 함으로써 매우 높은 효율성을 자랑하였다. 개발 초기에는 스위스 동부와 독일 작센 지방에서 주로 사용되었으나 이후 영국과 미국까지 확장되었고, 20세기 초까지 개발이 지속되면서 너비는 10 m와 15 m로, 바늘은 600개 이상으로 확장, 표준화되었다. 그러나 이러한 방식은 한 번의 오류로도 전체 디자인을 망가뜨림으로써 다시 제작해야 한다는 불편함이 있었다.

가정용 재봉틀의 발전과 함께 1911년, 싱어사(Singer sewing company)가 6개의 헤드와 집전장치(pantograph)가 장착된 최초의 멀티헤드 자수기를 개발하면서 현대 자

그림 2-2 시플리 셔틀 머신

(출처: https://www.thinkpro.net/blog/2017/evolution-of-machine-embroidery/)

수기계는 비약적으로 발전하였다. 두 차례의 전쟁으로 잠시의 정체기를 가졌으나 2차 세계대전 이후 경제호황은 자수기의 발전을 이끄는 계기가 되었다. 1964년 일본의 타지마(Tajima)사는 멀티헤드의 자동 자수기를 제조하여 판매하기 시작하였고, 1973년에는 6가지 색상으로 작업이 가능한 6침 전자동 색상 변경 자수기를 출시하였다.

1980년에는 최초의 컴퓨터 자수기가 등장하였다. 윌콤(Wilcom)사는 미니 컴퓨터로 실행되는 최초의 컴퓨터 그래픽 자수 디자인 시스템을 도입하였으며, 멜코(Melco)사는 대형 시플리 장치에 연결할 수 있는 자수 샘플 헤드를 최초로 개발하였다. 이 장치는 매우 너비가 넓어 레이스 패치와 큰 크기의 자수 패턴도 생산할 수 있었으며, 샘플 헤드를 연결하면 작업자가 디자인 샘플을 수동으로 작업할 필요가 없어 생산시간을 단축시킬 수 있었다. 1990년대 후반에는 펄스 마이크로 시스템(Pulse Microsystems)사가 자수기에 네트워킹 시스템을 도입하여 기계 및 작업환경을 모니터링하고 작업환경으로부터 기계를 보호할 수 있는 시스템을 운영하였다. 그 이후로 컴퓨터와 소프트웨어, 자수기의 가격이 하락하면서 전산화된 자수기의 인기가 증가하였다.

그림 2-3 완전 자동화된 시플리 자수기계

(출처: https://en.wikipedia.org/wiki/File:Fully_automated_schiffli_embroidery_machine_by_Saurer.jpg)

2000년 펄스 마이크로 시스템사는 서버 기반의 자수 엔진인 Stitchport를 출시하였다. 이는 브라우저에서 바로 자수기계를 작동, 조절할 수 있게 함으로써 공장 자동화를 가능하게 하였다. 대량생산 의류와 상품을 오차 없이 맞춤 제작할 수 있는 시스템이 완성되면서 의류 산업의 변화를 야기하였다. 이후 Stitchport 시스템은 Pulse ID로 변모하며 개인맞춤 자동화 시대를 열었다.

컴퓨터 자수기의 발전은 자수 디자인과 기계의 운영을 위한 소프트웨어의 중요성을 증대시켰다. 현재 주요 자수기 및 소프트웨어 관련 기업으로는 Janome, RNK, Floriani, Tacony corporation 등이 있다. 이들은 가정용 자수기는 물론 상업용 시스템의 자동화 및 효율화를 위하여 연구를 지속하고 있다.

2.2 테크니컬 자수의 종류

기계자수(machinery embroidery)는 재봉틀이나 자수기를 사용하여 직물에 패턴을 만드는 자수 공정을 일컫는다. 제품의 로고나 기업의 광고 및 유니폼 장식을 위한 상업적 목적이나 의류 제품을 장식하기 위한 심미적 목적으로 이용된다.

기계자수는 미싱자수(sewing machine embroidery)와 컴퓨터 기계자수(computerized machine embroidery)로 구분할 수 있다. 미싱자수는 재봉틀의 헤드 부분이 1개이며, 본체에 고정되어 있어 사람이 손으로 직접 수를 놓는 방법보다는 능률적이지만 컴퓨터 자수의 발달로 규모가 축소되고 있다. 그러나 소량생산 목적으로는 컴퓨터 자수보다 다양하고 자유로운 표현이 가능하기 때문에 맞춤형 제품이나 가정용 취미제품 등에 활용되고 있다. 반면 컴퓨터 기계자수는 컴퓨터 디자인을 사용하여 자수하는 것으로 테크니컬 자수라고도 한다. 컴퓨터로 만든 디자인을 사용하여 직물이나 평면의 재료에 스티치함으로써 입체적인 디자인을 구현한다. 일반적으로 헤드 부분이 여러 개 달려 있고 기계가 컴퓨터와 연결되어 있어 디자인 프로그램을 통해 컴퓨터에 입력

그림 2-4 컴퓨터 기계자수
(출처 : Global computerized embroidery machine market research report 2015–2025)

하면 디자인 대로 원단에 수를 놓을 수 있다. 자수의 방식이 평면형이어서 수평 작업을 하거나 원형으로 모자나 가방 등의 제품에 수를 놓을 때 사용한다. 이러한 컴퓨터 기계자수는 세부적으로 바늘대와 본체 운동부, 실 장력 조절 장치부, 노루발 운동부 및 제어부의 4가지로 구분된다.

자수기는 헤드의 개수에 따라 단두식인 싱글헤드 자수기(single-head embroidery machine)와 다두식인 멀티헤드 자수기(multi-head embroidery machine)로 구분할 수도 있다. 싱글헤드 자수기는 대부분 소기업이나 가정용에 적합한 장치로 안정적인 품질과 높은 효율성, 저렴한 비용 및 공간의 효율성 등의 장점을 지닌다. 반면 멀티헤드 자수기는 이름에서 알 수 있듯이 여러 개의 헤드로 구성된 자수기로, 동시에 여러 개의 디자인을 자수할 수 있어 생산성이 높고 비용이 저렴하다. 그러나 자수의 범위가 크고 헤드수가 많기 때문에 설치 공간이 많이 소요되며, 전원공급 시스템, 프레임 구동 시스템, 실 절단 제어 시스템 등 다양한 부속장치들을 필요로 한다.

이와는 별도로 대량생산을 목적으로 하는 광폭 자수기도 있다. 이는 멀티헤드 자수기와 동일한 방식으로 자수가 진행되지만 벽면형으로 설계되어 있으며 기계에 달린 수백 개의 침봉이 수직으로 세워진 원단에 수를 놓음으로써 매우 효율적으로 대량의 자수 원단을 생산할 수 있다. 다만 소량생산의 경우에는 싱글헤드나 멀티헤드 자수기로 작업하는 것이 비용절감에 유리하다.

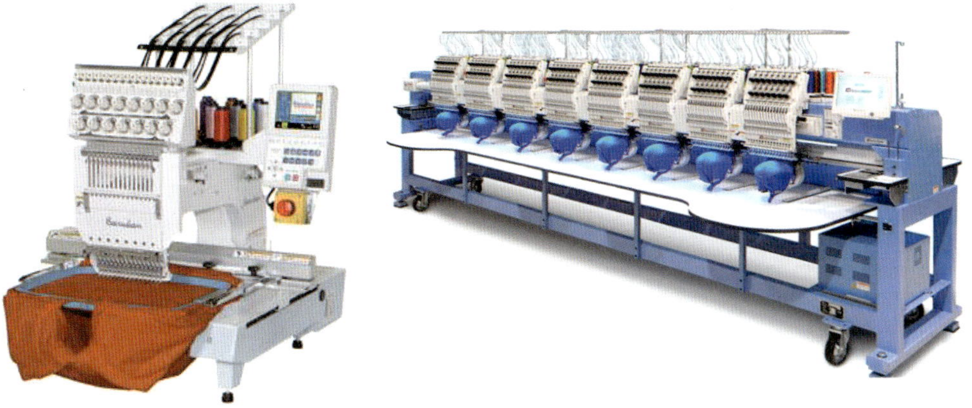

그림 2-5 싱글헤드 자수기(좌)와 멀티헤드 자수기(우)
(출처 : Global computerized embroidery machine market research report 2015–2025)

기술의 혁신과 다양한 생산 방법들이 독창적으로 조합되면서 자수기술 및 장비 시장도 발전되고 있다. 테크니컬 자수기는 컴퓨터 기술의 혁신과 함께 지능화되고 인간화되어 간다. 자수와 퀼팅이 독창적으로 결합되며, 컴퓨터 제어 시스템을 통하여 직물의 세로방향, 가로방향의 인터페이스를 제어할 수 있다. 자동 프레임 설치, 프레임의 이동, 클램핑 기능 등이 추가되면서 연속적인 자수가 자동화 및 지능화되었다. 또한 레이저 기술이 자수기술에 융합되면서 보다 다채로운 디자인 구현이 가능하게 되었다. 레이저 식각 후 자수를 진행하거나 자수 후 레이저를 식각하는 등으로 기존에는 별도로 수행했던 식각과 자수가 동시에 이루어질 수 있게 되었다. 최근에는 초음파 기술이 결합된 자수기술도 등장하고 있어 자수기의 활용 분야는 점차 광범위해질 것으로 기대된다.

2.3 테크니컬 자수의 기법

테크니컬 자수기계의 수법은 기계 종류에 따라 다양하나 기본적인 법칙은 싱글헤드 자수기와 광폭 자수기로 분류된다. 멀티헤드 자수기의 경우 헤드가 여러 개 연결된 것으로 그 수법은 싱글헤드 자수기와 동일하다. 전자섬유 제조를 위하여 사용되는 자수기는 주로 싱글헤드 혹은 멀티헤드 자수기이므로 이 책에서는 대표적인 싱글헤드 자수기의 수법을 살펴보고자 한다. 세부적인 스티치의 명칭과 형태는 표 2-1과 같다.

표 2-1 테크니컬 자수기법

명칭	형태
로크 스티치 (lock stitch, running stitch)	
트리플 러닝 스티치 (triple running stitch)	
지그재그 스티치 (zigzag stitch)	
더블 지그재그 스티치 (double zigzag stitch)	
새틴 스티치 (satin stitch)	
새틴 필 스티치 (satin fill stitch)	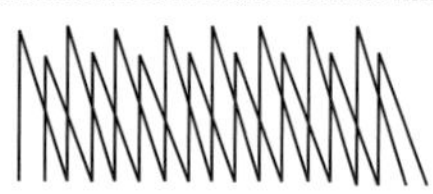
스텝 스티치 (step stitch)	
특수 다다미 스티치 (program split)	

로크 스티치(Lock stitch, Running stitch)

로크 스티치는 기존의 재봉 솔기와 마찬가지로 한 땀 한 땀 건너뛰며 선형의 형태로 진행되는 스티치 방식이며 러닝 스티치라고도 부른다. 주로 얇은 선을 표현할 때 사용하며, 경우에 따라 여러 번 겹쳐서 굵기를 조정하기도 한다. 스티치의 길이는 디자인에 따라 길이를 짧거나 길게 조절할 수 있다. 아플리케 작업 등에서는 패치의 위치 표시나 임시 고정용으로도 사용한다.

그림 2-6 러닝 스티치
(출처: AMANN machine embroidery 브로슈어)

트리플 러닝 스티치(Triple running stitch)

러닝 스티치를 응용한 기법으로, 가운데 직선을 중심으로 위아래 부위에 곡선을 형성함으로써 선의 굵기를 늘이고 장식미를 가한 스티치 방식이다. 스티치 형태로 인하여 빈 스티치(bean stitch)라고도 한다.

그림 2-7 트리플 러닝 스티치
(출처: AMANN machine embroidery 브로슈어)

지그재그 스티치(Zigzag stitch)

지그재그 스티치는 재봉틀 자수기계에서의 지그재그 스티치와 동일한 기법이다. 바늘땀이 동일한 간격으로 위아래로 이동하며 삼각형의 스티치를 형성한다.

더블 지그재그 스티치(Double zigzag stitch)

더블 지그재그 스티치는 지그재그를 반대방향으로 반복 실행하여 지그재그의 형태가 서로 대칭을 이루도록 표현하는 기법이다.

그림 2-8 지그재그 스티치
(출처: AMANN machine embroidery 브로슈어)

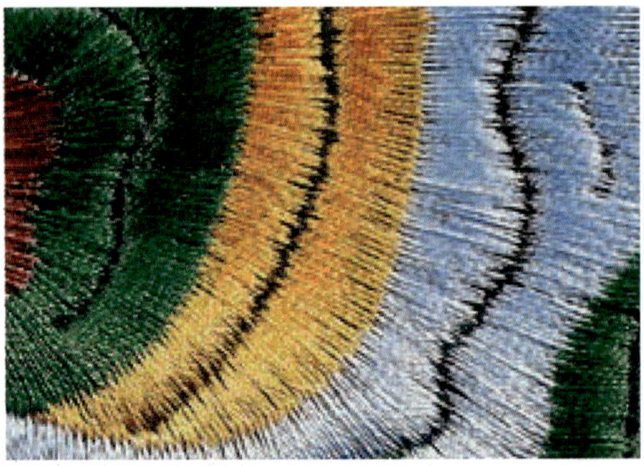

그림 2-9 새틴 스티치
(출처: AMANN machine embroidery 브로슈어)

새틴 스티치(Satin stitch)

새틴 스티치는 여러 자수기법 중 가장 다양한 효과를 만들어낼 수 있어 싱글헤드 및 멀티헤드 자수기에서 가장 많이 사용하는 스티치 기법이다. 좁은 간격의 지그재그 스티치로 너비와 밀도를 변경하면서 원하는 효과를 구현할 수 있다. 굵은 선을 표현하거나 좁은 면적을 채울 때 사용하며, 언더레이 스티치를 크게 활용하면 질감과 릴리프를 만들 수도 있다.

그림 2-10 새틴 필 스티치
(출처: AMANN machine embroidery 브로슈어)

새틴 필 스티치(Satin fill stitch)

새틴 필 스티치는 커다란 면을 채울 때 사용하는 기법으로 땀의 리듬과 길이에 따라 표면이 가늘어 보이거나 돋음, 새김 등의 구조를 나타낼 수 있다. 따라서 문양의 형태에 따라 간격과 방향을 조절함으로써 다양한 효과를 표현하게 된다. 다만 멀티헤드 자수기에서는 바늘땀의 길이가 짧기 때문에 넓은 면을 채울 경우 땀을 여러 번 반복하여 진행한다. 만약 올바른 땀의 길이를 선택한다면 필요한 땀의 수를 줄이는 데에도 도움이 되어 생산시간을 단축하는 효과도 있다.

스텝 스티치(Step stitch, Tatami stitch)

스텝 스티치는 넓은 면적을 채울 때 사용하는 기법으로 다다미 스티치라고도 한다. 새틴 필 스티치와 형태는 유사하지만, 곡면을 채우는 경우 새틴 필 스티치는 각각의 기울기로 면적이 채워지는 반면, 스텝 스티치는 설정된 하나의 기울기로만 채워져 방향성이 고르게 진행된다는 차이가 있다.

특수 다다미 스티치(Program split)

스텝 스티치와 같이 넓은 면적을 채우는 역할을 하는 동시에, 면적 안에 다양한 패턴을 형성시킬 수 있는 스티치 기법이다.

2.4 자수사의 특성

자수를 위하여 사용하는 실은 대부분 2 ply의 합사를 사용하며 일반적인 재봉사와 달리 꼬임이 적어 더 부드럽고 광택이 높은 것이 특징이다. 또한 자수 과정에서 원단을 여러 번 관통해야 하기 때문에 재봉사에 비해 강도도 더 크다. 자수사로 사용하는 섬유는 바탕이 되는 소재와 동일하거나 최대한 유사한 종류를 선택해야 한다. 이는 유사한 물성이어야만 자수 작업 후에도 강도나 외관을 일관되게 유지할 수 있기 때문이다. 또한 자수 결과물의 무게 및 부피를 줄이기 위하여 자수의 밑실은 윗실보다 가는 실을 사용한다. 윗실이 더 굵기 때문에 표면에 형성된 자수 스티치는 더 부드럽고 밀도 있게 제작된다. 일반적으로 밑실은 윗실과 동일한 색상으로 일치시키나 경우에 따라서는 서로 다른 색상을 선택할 수도 있다.

자수용 섬유는 폴리에스터나 레이온과 같이 광택이 좋고 강한 섬유를 주로 사용하며, 면사나 금속사 등도 활용할 수 있다. 폴리에스터 자수사는 강도와 신도가 우수하여 바늘이 원단을 관통할 때 마찰에 의한 끊김이 적기 때문에 작업성이 좋다. 또한 폴리에스터를 사염하면 선명하고 짙은 색상을 구현할 수 있어 자수 디자인의 명확한 표현을 가능하게 한다. 반면 레이온은 색상이 화려하고 광택성이 뛰어나 전통적으로 인기가 있는 자수용 섬유이다. 셀룰로오스를 바탕으로 하기 때문에 촉감이 부드럽고 친수성으로 작업 중 정전기의 발생도 적은 것이 장점이다. 면은 자수사로 사용할 수는 있으나, 신축성이 적어 자수 작업 중 쉽게 끊어질 수 있으므로 주의해야 한다. 고가의 럭셔리 제품은 실크를 자수사로 활용하기도 한다. 실크는 강도가 매우 강

그림 2-11 섬유 종류에 따른 자수사의 외관: 왼쪽부터 순서대로 폴리에스터, 면, 금속사, 실크
(출처: https://www.amann-mettler.com/en/products/category/Thread/)

한 천연섬유이며 독특한 삼각단면 구조로 우아한 광택을 자랑하기 때문에 실크 자수사로 작업한 결과물은 아름다운 외관과 색상을 가진다. 화려하고 독특한 외관을 구현하거나, 전기전도성 등을 가진 전자섬유를 만들기 위해서는 금속 박지나 금속의 입자를 섬유 표면에 부착한 금속사를 사용하여 자수한다. 금속사는 일반 섬유사에 비하여 신축성이 떨어지고 강직하기 때문에 최적의 자수 조건을 도출하는 것이 핵심이다. 특히 고속에서는 실이 끊기거나 바늘이 부러지는 등의 문제가 발생할 수 있으므로 자수 속도의 조절, 특수 바늘의 사용, 장력의 미세 조정 등 세밀한 조건 설정을 필요로 한다.

국제적으로 자수사의 굵기는 중량에 따라 숫자로 표시한다. 숫자가 작을수록 더 굵은 실을 의미하며, 대부분의 재봉사 및 자수사는 100~12 사이의 번호를 갖는다. 일반적으로 재봉사는 50 사이즈인 반면 자수사는 거의 40 사이즈를 주로 사용한다. 자수사가 재봉사보다 더 굵은 이유는 자수의 경우 스티치가 일정한 간격을 두고 형성되므로, 실 사이의 틈이 생기거나 실끼리 겹치는 등의 문제없이 적절하게 공간을 채울 수 있는 굵기여야 하기 때문이다. 그러나 30 이상으로 굵은 실은 특별하게 결과물의 크기를 늘리거나 특수한 목적이 아닌 한 대부분의 자수 디자인에 적합하지 않으므로 사용하지 않는 것이 좋다.

주요 자수사 브랜드로는 미국의 마데이라(Madeira®), 플로리아니(Floriani®), 설키(Sulky®), 독일의 메틀러(Mettler®) 등이 있다. 마데이라사의 마데이라 자수사는 미

그림 2-12 자수사의 번호에 따른 실의 굵기 비교
(출처 : https://www.wonderfil.ca/blog/tag/thread+weight)

국에서 시작된 국제적인 자수사 브랜드이다. 다양한 색상과 우수한 물성으로 최고의 자수사로 평가받고 있으며, 기계 자수에 가장 적합한 실로 선호되고 있다. RNK Distributing사의 플로리아니 자수사도 오랜 역사를 지닌 브랜드로 수천 가지의 색상을 지닌 고강도의 우수한 폴리에스터 자수사를 공급하고 있다. 독일 아만(AMANN)사의 메틀러 자수사는 폴리에스터, 레이온, 면, 실크 등을 기초로 약 24종의 세부 브랜드를 운영하며, 가정용과 산업용 자수사를 생산한다. 특히 마데이라사와 아만사는 전자섬유를 위한 자수용 전도성 실도 생산하고 있는데, 이들의 전도사는 꾸준한 연구개발로 확보된 증착기술을 활용하여 나일론 자수사 표면에 은입자를 균일하게 도포시켜 안정적으로 전도성이 구현되는 특징을 지닌다.

반면 우리나라 자수 브랜드의 경우 ㈜동일방직의 마라톤(Marathon®)과 전방㈜의 로얄스레드(Royal thread®)가 대표적이다. 이 중 마라톤 자수사는 오랜 기간의 제품개발 및 품질 개선으로 국내 자수시장을 선도하고 있는 자수 브랜드이다. 50개국 이상에 수출하여 폭넓은 글로벌 네트워크를 구축하였으며, 최근 시장의 트렌드에 맞도록 GRS 인증을 획득하면서 친환경 제품으로 각광받고 있다.

2.5 주요 테크니컬 자수 장비의 현황

자수기를 제조, 판매하는 주요 기업으로는 브라더(Brother), ZSK, 타지마(Tajima), 멜코(Melco), 선스타(Sunstar), 리코마(Ricoma), 베르나니(Bernina), 리치피스(Richpeace) 등이 있다. 이 중, 역사와 전통을 지니며 현재 시장에서 주요 메이커로 평가받고 있는 몇몇 기업들을 소개하고자 한다.

Brother

브라더(Brother)사는 1908년 설립된 일본의 제조사로 자수기뿐만 아니라 재봉틀 및 다양한 섬유장비를 제조, 판매하고 있다. 국내에는 1961년 부라더상사(주)가 부산에 재봉틀 공장을 설립하며 도입되었다. 브라더사는 주로 가정용 자수기를 개발, 판매하고 있으며, 디자인 작업을 위하여 전문 자수 편집 프로그램을 제공하고 있다.

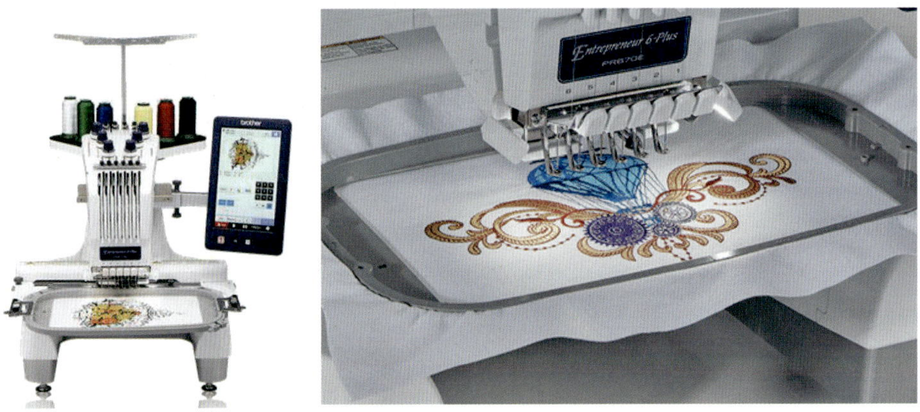

그림 2-13 브라더사의 가정용 자수기(PR670EC)
(출처 : Global computerized embroidery machine market research report 2015–2025)

ZSK

ZSK사는 1984년에 설립된 독일의 섬유 엔지니어링 기업으로 독일 특유의 장인정신을 기초로 하여 소비자 개별 요구에 맞춘 기계 개발과 표준화에 노력하고 있다. 1970년

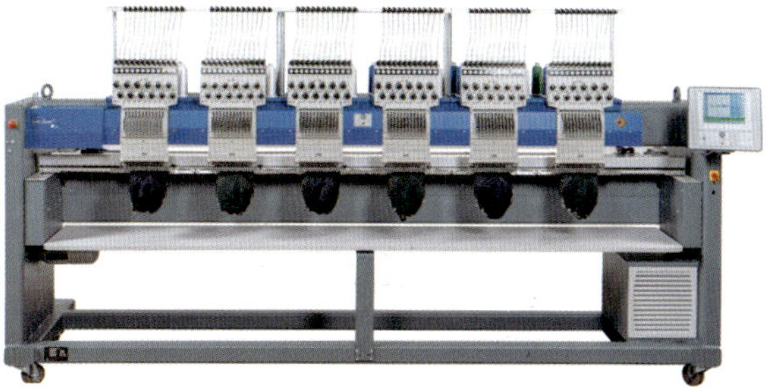

그림 **2-14** ZSK사의 Six Head Racer
(출처: https://www.zskmachines.com/embroidery-machines/)

대 후반부터 컴퓨터 자수기에 관심을 기울이며, 1980년대 초, 최초로 자동화된 디지털 시스템을 개발하였고, 현재까지 가장 우수한 품질로 인정받는 자수기 브랜드 기업으로 성장하였다.

다양한 제품군 중에서도 멀티헤드 자수기를 중심으로 한 산업용 자수기와 이를 운용할 디지털 소프트웨어에 중점을 기울이며, 자수 중에 스팽글이나 코드 등의 추가적인 부품들을 동시에 작업할 수 있는 특수 장치 등도 개발하고 있다. 특히 전도사를 사용한 다양한 자수기법을 개발하고 소개하면서 전자섬유 제품 개발을 위한 자수기 제조업체로 주목받고 있다.

Tajima

타지마(Tajima)사는 1944년 설립된 일본의 섬유장비 제조 기업으로 멀티헤드 자수기 및 관련 장비의 연구 개발과 제조를 담당하고 있다. 특히 1964년에 최초로 멀티헤드 자수기를 개발하여 전 세계의 주목을 받았으며, 이전까지 수작업으로 진행되던 자수를 보다 쉽고 빠르게 작업할 수 있게 함으로써 자수기술의 대중화를 이끌었다.

대표적인 자수기로는 TMEZ-SC 시리즈가 있는데, 이는 실의 장력 조절이 필요 없는 자동 자수기로 원단의 두께를 자동으로 감지함으로써 가장 효과적인 자수 조건을 자동으로 세팅하는 기능을 가진다. 따라서 원단의 두께나 드레이프성과 상관없이 다양한 재료 위에 자수할 수 있다는 것이 특징이다.

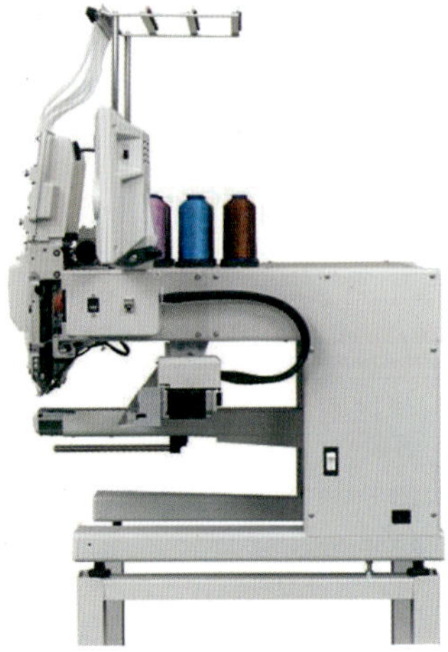

그림 2-15 타지마사의 TMEZ-SC 자수기
(출처: https://www.tajima.com/)

Melco

멜코(Melco)사는 전자 및 컴퓨터 그래픽 프로그램 개발을 위하여 1972년에 설립된 미국의 기업으로 자수산업에 있어 기술의 선구자라는 평가를 받는다. 멜코사는 컴퓨터 자수기술을 개발한 최초의 기업 중 하나로 현재 모듈식 상업용 고속 자수기로 명맥을 이어오고 있다.

나이키, 뉴발란스와 같은 대기업에서 대량 제품의 자수 작업을 위하여 멜코사의 대형 모듈식 멀티헤드 자수기 시스템을 활용하고 있다. 이에 멜코사는 다양한 제품과 작업으로 확장 가능도록 유연한 모듈식 플랫폼과 네트워킹 시스템 개발을 추진 중이다.

그림 2-16 멜코사의 EMT16X 멀티헤드 자수기

Ricoma

리코마(Ricoma)사는 일본의 기술과 독일의 엔지니어링이 결합된 미국 브랜드이다. 대표적인 자수기는 쓰리헤드 자수기로 모자, 플랫, 가방, 의류 등의 완제품 표면에 자수할 수 있다.

그림 2-17 리코마사의 MT-2003-8S
(출처: https://ricoma.com/US)

2.6 테크니컬 자수와 전자섬유

전자섬유에서 요구되는 가장 중요한 성능 중 하나는 물리적, 화학적, 생리적인 변수를 감지하고 모니터링하는 것이다. 압력, 응력, 온도 및 습도와 같은 환경 매개변수는 물리적, 환경적 변화에 따른 전기전도도 및 커패시턴스 등의 물리적 값을 추정함으로써 감지할 수 있다. 이에 전도성 재료를 사용한 섬유형 센서는 스트레인 센서, 압력 센서, 온도 센서, 습도 센서 등의 형태로 활용되며, 의류 혹은 섬유제품에 유연한 구조로 통합될 수 있어 웨어러블 제품 및 스마트 의류에 있어 매우 중요한 부품소재 중 하나이다.

자수는 전자섬유 분야에서 가장, 그리고 자주 사용되는 기술이다. 자수기술의 장점은 디자인된 구조의 치수 안정성과 제조공정의 우수한 재현성이다. 또한 CAD 소프트웨어를 사용한 패턴 생성은 신속한 시제품 제작 및 생산을 보장한다. 특히 전자섬유 분야에서 자수기술은 기하학적인 설계와 재료의 선택, 그리고 생산과정을 간단하게 하고, 다양하고 정밀한 전자회로를 비교적 쉽게 만들 수 있어 웨어러블 및 전자모듈 개발에 큰 가능성을 제공한다. 자수를 활용한 전자섬유 제조방식은 전도성 소재를 응용하기 때문에 전자자수 혹은 e-broidery라고 부른다.

일반적으로 표준의 자수법과 TFP(tailored fiber placement), 그리고 체인 스티치(chain stitch) 기술이 전자자수에 사용된다.

그림 2-18 ZSK사의 전자자수 샘플: 모스기법(위) 및 전자회로(가운데), 스팽글 릴(아래)
(출처 : IDTechEx report)

전도사를 사용하는 표준자수기법은 섬유통합 전자장치의 상호연결과 전도성 회로 및 가열회로를 개발하는 데 사용한다. 이러한 전자자수는 전자직물에서 회로를 구현하거나 모듈을 결합시키는 등의 기능적 역할을 수행하는데, 최근 자수와 동시에 LED를 직물에 결합시키는 기술이 개발되면서 패션 및 인테리어 디자인의 핵심 기술로 주목을 받고 있다. ZSK사는 신발이나 의류, 자동차 인테리어를 위한 히터와 터치센서, 안테나, 전극 등을 개발하는 데 전자자수를 적용시킬 수 있는 방법을 제안했다. 또한 PCB와 LED, 터치센서 등을 자수로 연결하여 게임을 위한 인터랙티브 터치 패드 제조법을 선보이기도 했다. 특히 LED를 부착시킬 때, 자수기와 연동되는 스팽글 릴을 활용함으로써 비교적 자동화되고 효율적인 방식으로 전자섬유 제품을 제조할 수 있어 활용도가 높을 것으로 보인다.

반면 전도성 케이블을 사용하는 TFP 기술은 패션,

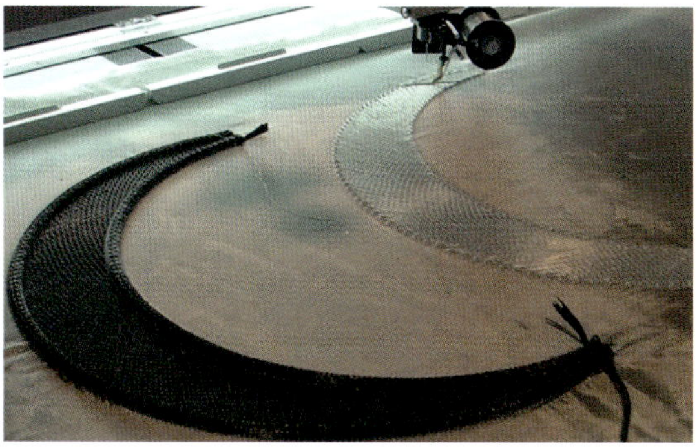

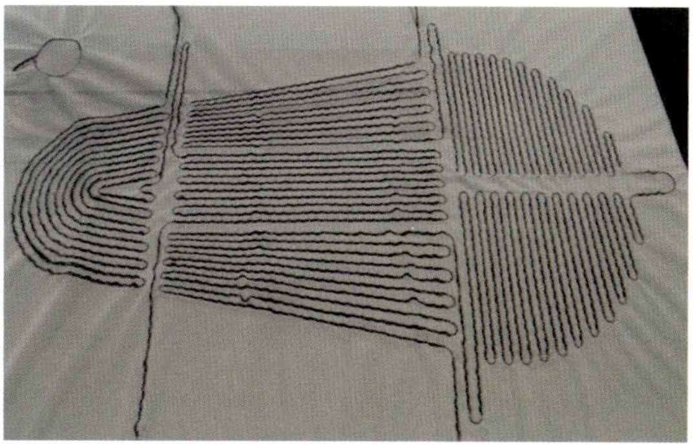

그림 2-19 TFP 기법을 활용한 섬유형 센서: 탄소섬유 및 유리섬유 기반 FRP(좌) 및 탄소기반 발열구조체(우)
(출처 : https://en.wikipedia.org/wiki/Tailored_fiber_placement)

인테리어, 테크니컬 텍스타일 등의 지능형 제품을 구현하기 위하여 전기전도성 물질을 상호 연결하는 데 사용하는 보편적인 기술이다. TFP는 전도성 코드를 직물 위에 배치하는 방식이므로 다양한 디자인 설계가 가능하다는 특징을 지닌다. 직물의 특성과 구조, 전도성 원사와 노체의 특성에 따라 전도성 회로를 구성함으로써 모듈과 회로를 서로 연결하여 전원공급 및 데이터 전송 등의 기능을 구현한다. TFP는 특히 산업용 전기발열제품을 제조하는 데 많이 활용된다. 자동차 시트에 발열용 히터 와이어를 고정시키는 목적으로 자수기술이 적용되기도 하며, 발열체인 탄소섬유를 임의의 방향으로 고정시켜 발열용 의류제품이나 섬유제품을 제조하는 데 적용된다.

아리(ari) 스티치라고도 알려진 체인 스티치(chain stitch)는 특히 섬유 기반의 센서를 구성하는 데 적합한 방식이다. 체인 스티치는 크로셰(crochet) 편성기법과 기하학적으로 유사하여 매우 특징적인 직물 특성을 구현한다. 그림 2-20과 같이 한 가닥의 실이 루프를 형성하며 직물을 관통하는 동시에 다음 루프와 연속적인 가닥을 형성함으로써 직물 표면에 동심원의 작은 사슬 무늬의 자수 스티치가 형성된다. 따라서 결과물의 외관이 화려하고 자수된 스티치 자체에 디자인을 부여할 수 있기 때문에 심미성을 부여하기 위한 목적으로 사용할 수 있는 자수기법이다. 반면 이끼자수(moss embroidery) 혹은 셔닐 스티치(chenille stitch) 기법은 자수사를 이용하여 바늘의 회전운동과 캐리어에 의하여 루프를 형성하는 방식으로 기존 자수방식과는 다른 형태의 결과물이 만들어진다. 루프의 길이가 길수록 부드럽고, 짧으면 벨벳 직물과 같이

그림 2-20 체인 스티치(좌)와 셔닐 스티치(우)의 구조 및 결과물
(출처 : ZSK technical embroidery guide book)

독특한 표면감을 형성할 수 있다. 따라서 다른 자수기법보다도 더욱 최종 용도를 고려하여 사용 여부를 결정해야 한다.

현재 이끼자수기법은 섬유 기반의 접촉 센서를 만들 때 유용하게 적용되고 있는데, 이는 한 가닥의 실을 사용하여 3차원 구조를 만들 수 있기 때문이다. 이러한 전극은 심전도나 뇌파, 근전도와 같은 신체 신호를 모니터링하는 센서 전극으로 사용된다. 이끼자수기법으로 형성된 3차원 구조는 납작한 자수의 전극보다 피부에 더 잘 밀착되며, 특히 두피나 팔, 다리 등 신체의 털이 많은 부분에도 적용이 가능하다. 또한 접촉 압력으로 인해 전극 표면이 피부와 신체 구조에 맞게 변형되면서 보다 더 잘 밀착된다. 루프 형태의 전도사는 피부의 자연스러운 굴곡에 맞도록 윤곽을 형성함으로써 보

그림 2-21 이끼자수기법을 활용한 센서 외관
(출처 : Reiffenrath et al. Smart protective clothing for law enforcement personnel. Material Science. (2014) Textile and Clothing Technology)

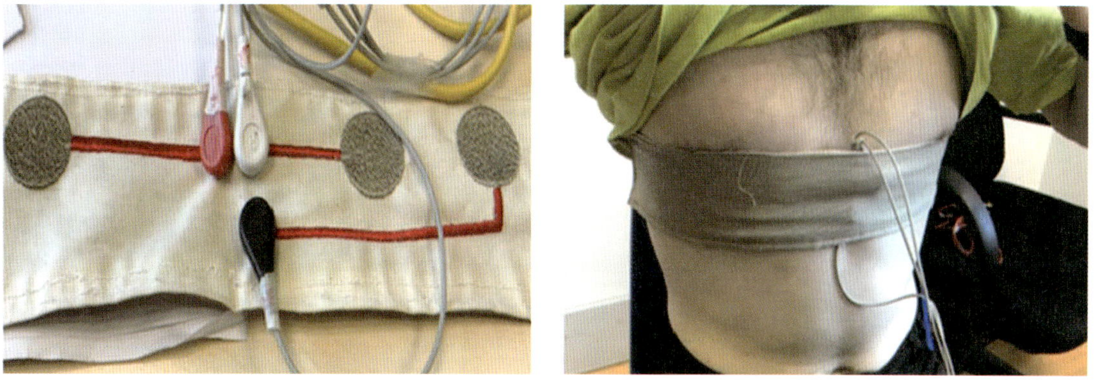

그림 2-22 이끼자수기법의 ECG 전극(좌) 및 착용사진(우)
(출처 : Ankhili et al. How to connect conductive flexible textile tracks to skin electrocardiography electrodes and protect them against washing. (2019) IEEE Sensors Journal. 19(24))

다 넓은 피부와의 접촉면을 형성한다. 다만, 이끼자수기법은 한 가닥의 실로 센서를 형성하는 것이므로 만약 실이 중간에 끊어지거나 손상된다면 센서 전체가 망가져서 기능을 제대로 수행할 수 없으므로 주의해야 한다.

섬유형 인터페이스 제조에도 자수기법을 응용할 수 있다. 전기전도성 섬유로 제조된 샌드위치 구조의 정전용량 센서를 기반으로 하되 자수기법으로 키패드 형태의 인터페이스를 만들면 압력에 따른 소리, 발광, 발열 등의 기능 구현이 가능하다.

그림 2-23 자수기법으로 만들어진 섬유형 인터페이스 사례
(출처 : 좌–https://blog.adafruit.com/2019/12/22/zsk-e-textile-embroidery-machines-incorporate-sensors-flexible-substrates-and-circuit-playground/,
우–https://www.pinterest.co.kr/pin/863846772248822975/?form=MY01SV&OCID=MY01SV)

이와 같이 자수기법은 물리적, 화학적, 생리적 감지를 위한 섬유형 센서 분야에서 가장 활발하게 이용되고 있으며 향후 성장 가능성도 대단히 크다. 그러나 그 외에도 텍스타일 인터페이스, 케이블링, 스위치 및 전자부품의 결합 등 매우 다양한 분야에서 적용될 수 있다. 또한 테크니컬 자수기를 통하여 전기전도성 원사, 압전 저항체 및 광섬유와 같은 다양한 재료를 활용할 수 있으므로 향후 지능적이고 혁신적인 제품의 효율적 개발에 응용할 수 있을 것으로 기대된다.

03

테크니컬 자수기법을 활용한 전자섬유 제작

3.1 테크니컬 자수기의 구조

이 책에서 전자섬유 제작에 사용할 자수기는 ZSK사의 테크니컬 자수기(SGVA 0109-825, ZSK Stickmaschinen, Krefeld, Germany)로, 기본구조는 그림 3-1과 같다. 해당 자수기는 싱글헤드 자수기이며, 각기 다른 자수기법을 구현하는 F, K, W의 3가지 종류의 헤드가 하나로 이어져 있다. 따라서 한 작업당 하나의 헤드만 이용이 가능하다. 또한 스팽글 릴이 액세서리로 장착 가능함에 따라 작은 스팽글 형태의 LED를 동시에 자수할 수 있는 것이 특징이다.

자수기는 바늘이 위치하는 헤드(head)와 직물이 위치하는 프레임(frame)으로 구성된다. 각 헤드마다 실을 공급하는 방식이나 바늘의 형태가 다르다. 그러나 기본적으로 자수바늘은 끝이 둥근 볼 포인트 바늘을 사용한다. 실을 꿰는 바늘구멍은 바늘대의 하단에 있으며, 바늘대는 자수하는 동안 바늘의 움직임을 조절한다. 바늘대 후면에 위치하는 가위는 평소에는 바늘대 뒤에 있다가 트리밍(trimming) 명령을 실행하면 바늘 쪽으로 이동하여 실을 자른다. 본체에서 자수기 팔(arm)은 프로그램으로 설계된 디자인에 따라 직물을 이동시키며, 팔 위에 설치된 프레임(frame)은 자수될 직물을 고정하는 역할을 한다. 보빈(bobbin)이란 밑실이 감긴 일종의 틀을 가리키는데, 셔틀

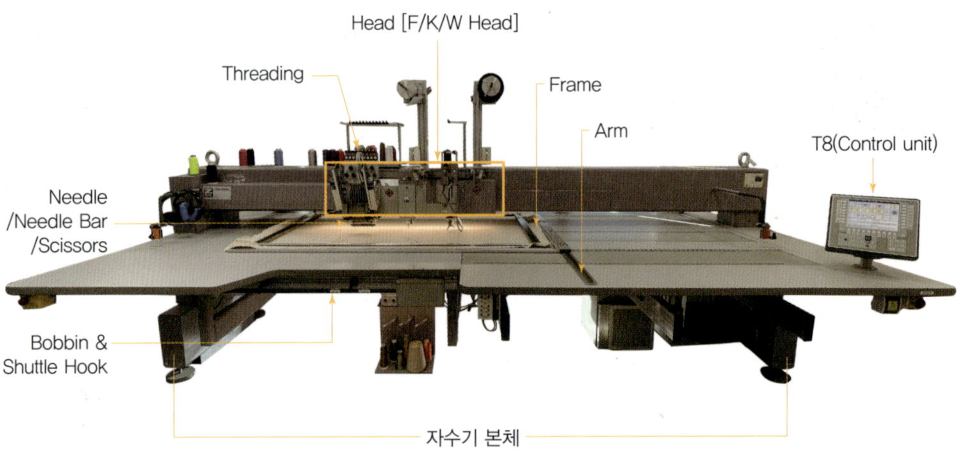

그림 3-1 테크니컬 자수기의 구조

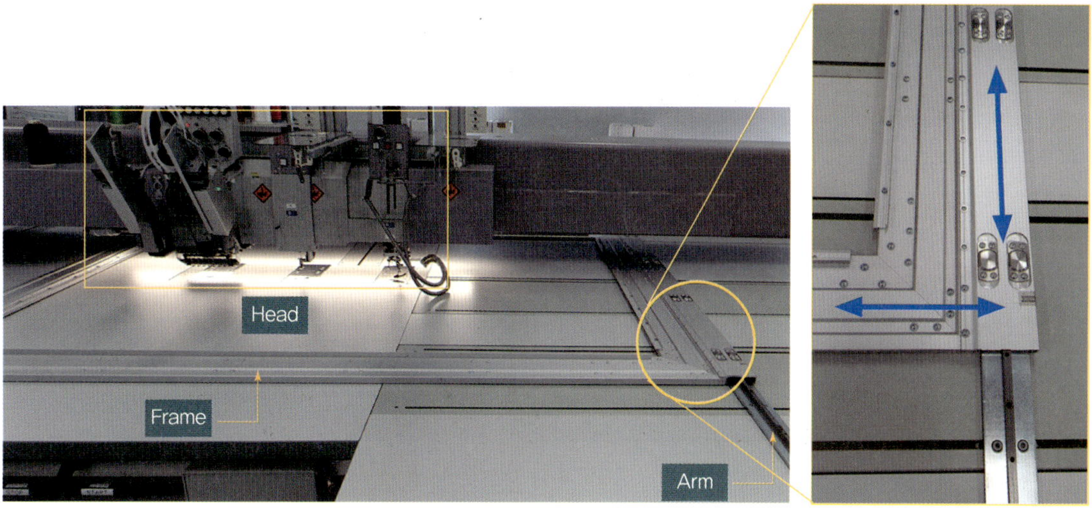

그림 3-2 자수기 헤드와 본체(프레임 및 팔)

후크(shuttle hook)에 끼워 사용한다. 셔틀 후크는 윗실과 밑실을 서로 꼬아 바늘판 위로 끌어 올리는 역할을 한다.

3.2 헤드 종류에 따른 자수기법

자수기를 동작시키면 자수기 팔과 헤드가 함께 이동하면서 스티치를 만든다. 헤드는 자수기에서 윗실과 바늘이 설치된 곳으로 ZSK사의 테크니컬 자수기에는 3가지 종류의 헤드가 있다. 세부적으로는 표준자수기법의 F-head, 이끼자수기법의 K-head, 그리고 TFP 기법의 W-head이다.

F-head와 Lock stitch

F-head는 로크 스티치(lock stitch)와 같은 표준자수기법을 위한 헤드로 9개의 볼 포인트 바늘이 설치되어 있다. F-head와 연결되는 시퀸 암(sequin arm)은 스팽글 릴이

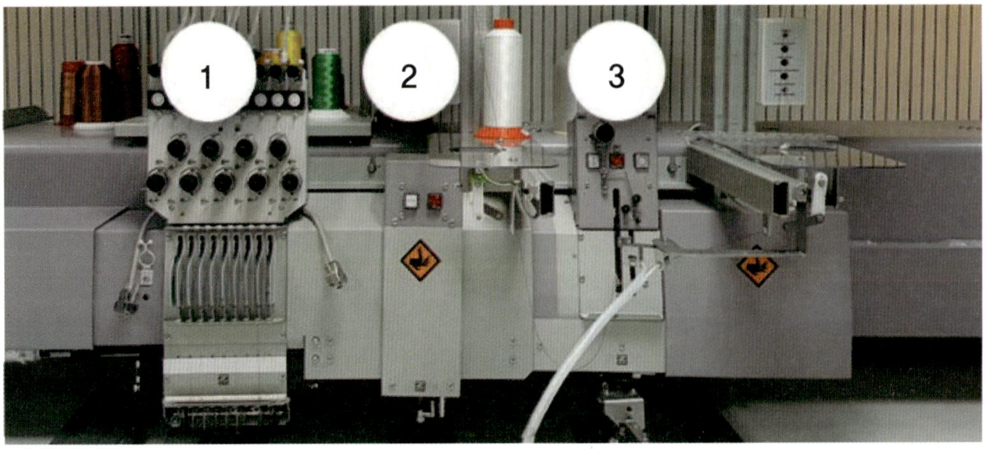

그림 3-3 자수기 헤드의 종류: 1) F-head, 2) K-head, 3) W-head

라고도 하며, LED 시퀸을 직물 위에 올려 자수를 통해 결합될 수 있도록 설치한 액세서리의 일종이다. T8은 컨트롤 유닛으로 자수기의 모든 동작을 제어한다. 그림 3-4와 같이 F-head는 전도사를 활용한 전도성 회로와 센서 제작에 활용할 수 있으며, 특히 LED 시퀸을 이용한 섬유형 발광회로 제작에 많이 이용된다. 또한 일반 자수사로 자수하거나 LED와 전도사의 표면을 덮음으로써 전자부품적인 느낌을 완화하고 회로에 디자인적인 요소를 추가하는 것도 가능하다.

F-head를 활용한 로크 스티치의 형성과정은 그림 3-5와 같다. 먼저 바늘이 직물을 통과하면서 실의 루프를 당겨 셔틀 후크와 가까운 곳으로 가져가면, 실의 루프가 로터리 셔틀 후크에 걸리게 된다. 후크에 걸린 윗실은 셔틀이 회전할 때 보빈으로부터

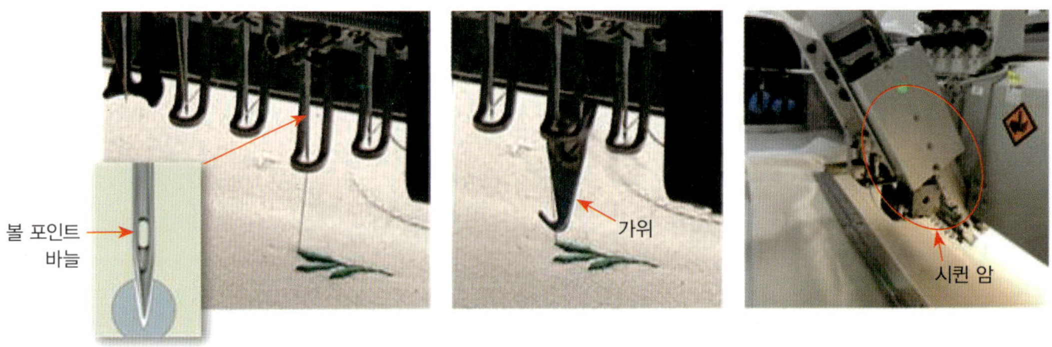

그림 3-4 F-head의 구조

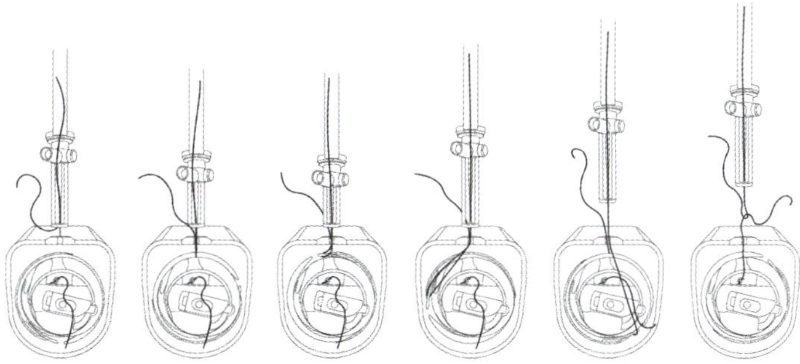

그림 3-5 로크 스티치 형성 메커니즘
(출처 : J. Vanfleteren, Analysis of Failure Mechanisms of Machine Embroidered Electrical Contacts and Solutions for Improved ReliabilityJournal, 19(24))

나오는 밑실과 엮이고 통과했던 바늘이 다시 직물 위로 빠져 나오면서 매듭이 형성된다. 하나의 스티치가 만들어진 후, 피드 도그는 견고하고 연속된 스티치가 만들어질 수 있도록 직물을 일정한 간격으로 이동시키며, 설계된 디자인 길이에 맞게 해당 과정은 반복된다.

로크 스티치의 형성 메커니즘에서 알 수 있듯이 로크 스티치는 윗실과 밑실의 꼬임에 의해 자수사가 직물에 고정되기 때문에, 셔틀 후크를 통한 밑실의 공급이 필수적이다. 따라서 원활한 자수 작업을 위해서는 보빈에 밑실을 감은 뒤 보빈 케이스에 삽입하고, 자수기 하단에 위치한 셔틀 후크에 넣어야 한다. 만약 밑실의 공급이 원활하게 이루어지지 않으면, 스티치가 만들어지지 않거나 실이 직물로부터 고정되지 못하여 풀리는 현상이 발생하므로 주의를 기울어야 한다. 또한 전자섬유 작업 시 보빈에 감긴 밑실의 양이 너무 적으면 자수를 진행하던 중간에 밑실이 끊겨 전체적인 작업을 중단해야 하므로 충분한 양의 밑실을 준비하는 것이 좋으며 밑실의 양은 보빈의

그림 3-6 로크 스티치 적용 사례

80~90%가 적당하다. 보빈과 셔틀 후크를 결합시킬 때에는 밑실을 잡아 당겼을 때 보빈이 시계방향으로 회전하도록 설치해야 한다.

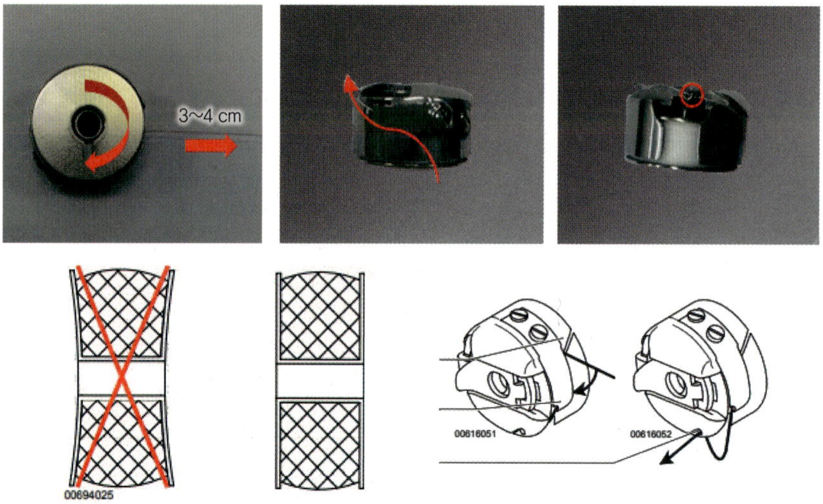

그림 **3-7** 보빈과 보빈 케이스 및 밑실 준비방법

그림 **3-8** 밑실이 감긴 보빈과 보빈 케이스(좌) 및 셔틀 후크와 결합된 상태(우)

■ F-head 부속품 및 기능 설명

- 바늘(Needle) : 기본 자수용 바늘로 바늘 끝이 둥근 볼 포인트 바늘
- 바늘대(Needle bar) : 바늘의 상하 동작 제어
- 가위(Scissors) : 트리밍 동작 실행
- 시퀸 암(Sequin arm) : 시퀸을 직물 위에 위치시키는 동작 실행

K-head와 Moss stitch

K-head는 이끼자수기법(moss stitch)과 체인 스티치(chain stitch)를 위한 헤드로 F-head와 달리 하나의 바늘을 사용한다. 자수사는 본체 하단에서 공급되며, 밑실은 따로 사용하지 않는다. 바늘은 끝이 갈고리 형태이며, 하단에서 공급되는 실이 갈고리에 걸리며 스티치가 생성되며 사용하는 실의 두께에 따라 갈고리의 크기가 달라진다.

K-head를 활용한 모스 스티치의 형성과정은 그림 3-10과 같다. 먼저 바늘이 직물을 통과하면, 보빈이 회전하면서 바늘 고리에 실을 건다. 그 후 바늘이 직물을 뚫고 표면으로 이동하면, 직물의 아래쪽에 있던 셔틀이 회전하면서 직물 위쪽으로 올라가

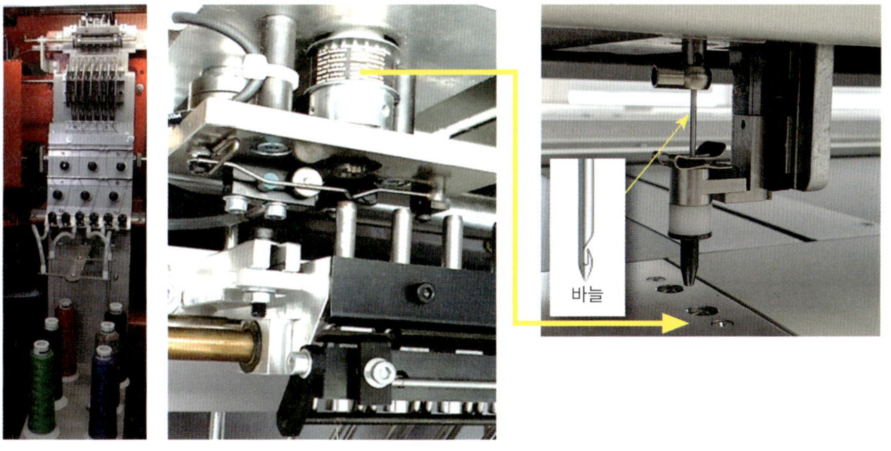

그림 **3-9** K-head의 구조

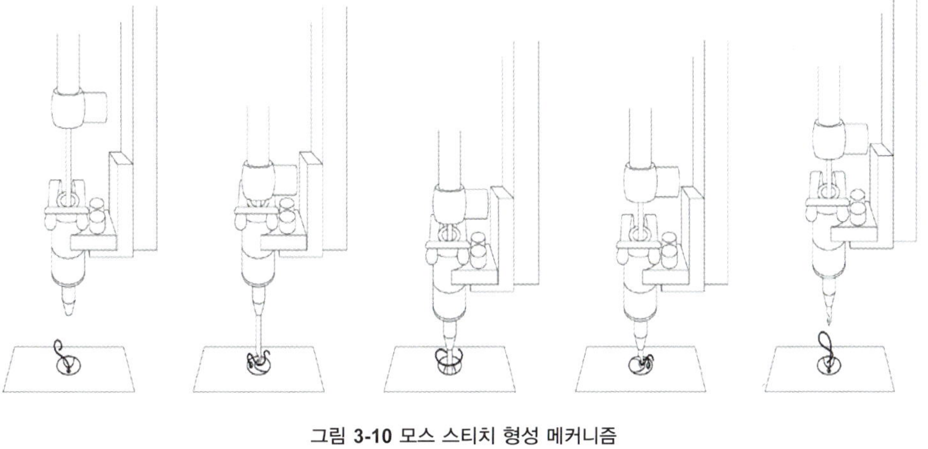

그림 **3-10** 모스 스티치 형성 메커니즘

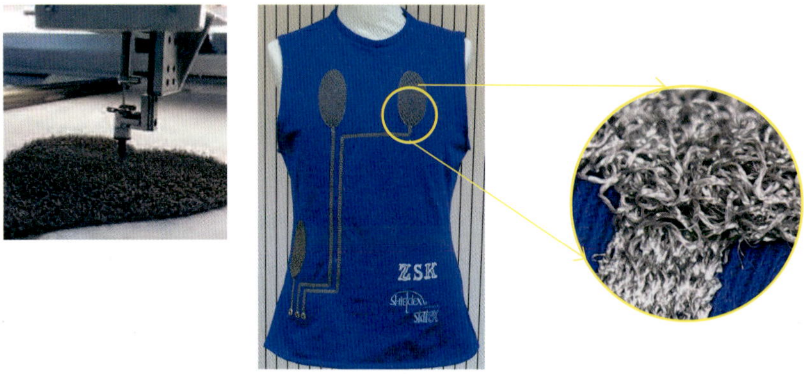

그림 3-11 모스 스티치 적용 디자인 사례

는 실과 엮이고 매듭을 짓는다. 마지막으로 보빈이 반대방향으로 회전하면서 원래 자리로 돌아가면 하나의 스티치가 완성된다.

모스 스티치는 3차원의 입체적인 구조를 형성함으로써 포근하고 따뜻한 느낌을 구현할 수 있어 일반 섬유제품에서도 카펫이나 커튼 등의 장식에 주로 활용한다. 또한 스티치 설계 시 루프의 길이와 간격을 조정하면 타월과 같은 부피감뿐만 아니라 벨벳과 같은 세밀함까지 다양한 촉감과 외관을 만들어낼 수 있다.

자수기법으로 만들어진 장식물이나 센서의 촉감은 자수사의 표면 거칠기에 따라 다르다. 면이나 양모섬유를 재료로 하는 일반적인 자수사는 부드럽고 유연하여 부드러운 감촉과 매끈한 표면감을 구현할 수 있다. 그러나 전도사의 경우 표면이 금속으로 코팅되어 있어 강직하고 뻣뻣하므로 일반 자수사와 같은 촉감을 구현하기 어렵다. 따라서 전도사를 로크 스티치 기법으로 센서로 제작한다면 다소 거칠고 딱딱하여 유연성과 촉감이 떨어지며, 이는 센서의 형태 안정성에도 영향을 미칠 수 있다. 모스 스티치의 경우 실이 루프를 형성하며 3차원의 입체구조를 만듦으로써 보다 유연한 구조 및 부피감을 구현할 수 있으므로 전도사를 사용해도 부드러운 촉감 구현이 가능하다. 따라서 신체와의 접촉이 필수인 심전도, 맥박 측정을 위한 센서나 터치센서 등에는 모스 스티치가 로크 스티치보다 적합한 자수기법이라 할 수 있다.

■ **K-head 부속품 및 기능 설명**

• 바늘(Needle) : 끝이 갈고리 형태인 바늘
• 프레셔 풋(Pressure foot) : 자수 시 직물을 눌러서 고정

W-head와 TFP 기법

W-head는 TFP 자수를 위한 헤드이다. TFP 자수는 그림 3-12와 같이 와이어가 좌우로 움직이고, 비전도사를 이용하여 와이어를 지그재그로 감싸서 직물에 고정하는 방법이다. 따라서 TFP 기법은 두껍거나 신축성이 부족하여 바늘에 끼우기 어려운 와이어, 튜브, 케이블 등을 직물에 고정시킬 때 사용하는 자수방식이다.

이 책에서 활용하는 테크니컬 자수기의 W-head를 사용하여 TFP 자수를 진행하는 순서는 다음과 같다. 먼저 두꺼운 섬유나 와이어, 튜브 등의 재료를 레잉 풋(laying foot)이라는 부품에 삽입하여 바늘 밑에 위치시킨다. 바늘에 자수사를 끼우고 작업을 시작하면, 와이어나 튜브 등 고정시키고자 하는 재료의 좌우로 자수사가 스티치되며 재료를 직물에 고정시킨다. 이때 결과물의 형태가 지그재그 스티치로 완성되기 때문에 바늘이 재료의 좌우로 이동하면서 스티치가 되는 것으로 생각할 수 있으나 실제로는 레잉 풋이 좌우로 이동하며 고정되는 재료 자체가 지그재그로 이동하며 직

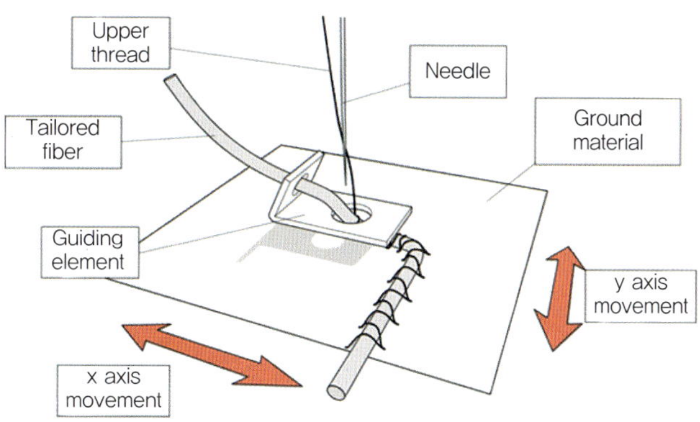

그림 **3-12** W-head 구조 및 TFP 기법
(출처: Mecnika et al. Technical embroidery for smart textiles: review)

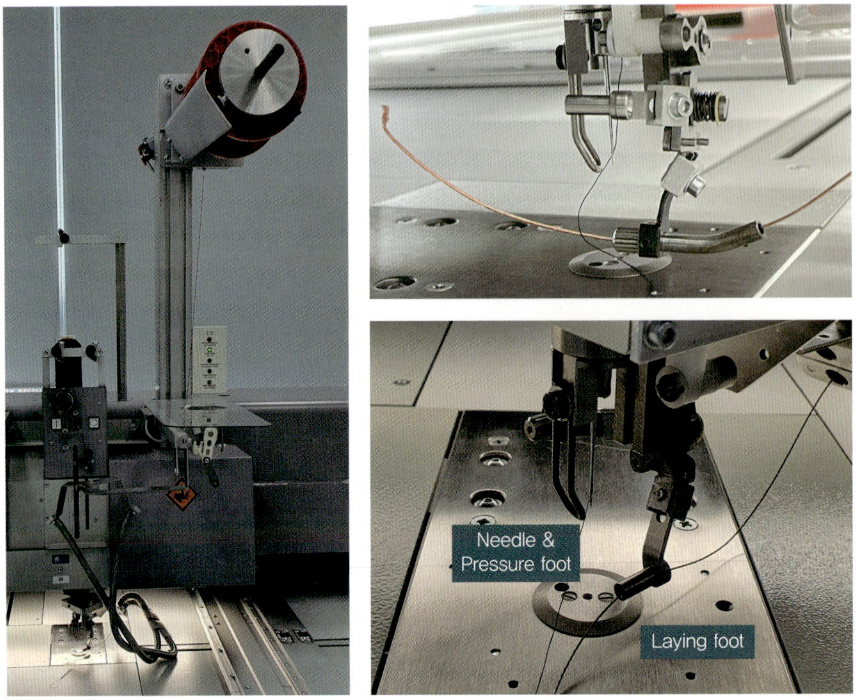

그림 **3-13** W-head의 구조

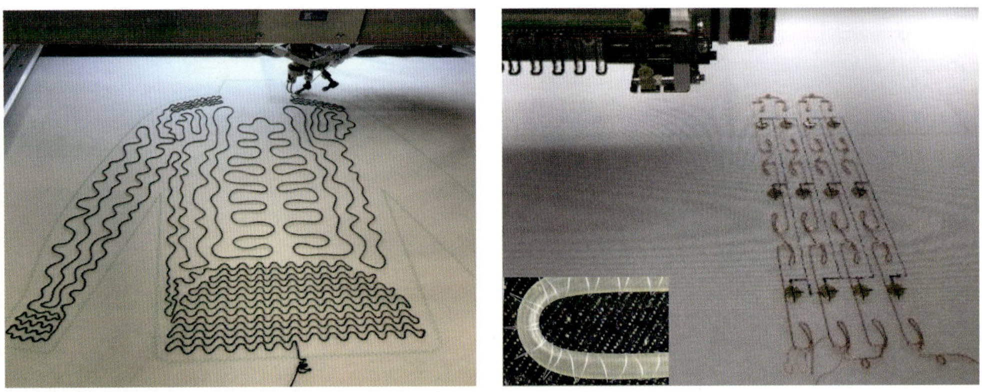

그림 **3-14** TFP 기법 적용 디자인 사례

물에 고정된다. 또한 자수할 때 바늘에 의하여 와이어나 튜브 등의 재료가 손상되거나 바늘이 부러지는 것을 막기 위하여 바늘이 움직일 때마다 가이딩 부속(guiding element)이 재료를 좌우로 움직이면서 바늘의 움직임을 우회하며 자수할 수 있도록 도와준다.

■ **W-head 부속품 및 기능 설명**

- 바늘(Needle) : 기본 자수용 바늘로 끝이 둥근 볼 포인트 바늘
- 레잉 풋(Laying foot) : 와이어나 튜브 등 고정될 재료를 투입하는 가이드
- 와이어(Wire) : 직물 위에 고정될 재료의 일종으로 형태는 다양하나 와이어를 가장 많이 사용
- 보빈(Bobbin) : 와이어 등의 재료가 감겨진 틀

3.3 전자섬유 제작을 위한 기본재료

테크니컬 자수기를 이용하여 전자섬유를 제작할 때 필요한 재료는 기재가 되는 직물 혹은 부직포와 전자회로를 구성하는 전도사와 와이어 및 LED 시퀸, 그리고 자수공정에 필요한 기본재료인 자수사와 바늘 등이 있다.

(1) 직물과 심지

자수가 될 직물은 용도 및 디자인에 따라 폭넓게 선택할 수 있다. 이 책에서 발광, 센싱, 발열 등의 기능을 발휘하는 전자섬유 제품 제작 시 사용한 직물과 심지에 대한 정보는 실습 사례(4장)에서 상세하게 확인할 수 있다.

(2) 자수사

자수사란 자수에 사용할 수 있는 실을 통칭하는 것으로 섬유의 종류 및 가공에 따라 특성이 다양하다. 이 책에서는 실제 바늘에 꿰어서 사용할 수 있는 실의 형태와 바늘에 꿸 수는 없지만 자수사를 이용하여 직물에 고정시키는 와이어나 튜브 등의 형태를 자수사로 포함하였다. 세부적으로 전기 전도성 유무에 따라 전도사와 일반 자수사로, 전도사는 실의 형태와 와이어의 형태로 구분하였다.

일반 자수사

기존 자수기에 사용하는 일반 자수사의 재료는 폴리에스터, 레이온, 면, 실크 등이며, 가장 많이 사용하는 섬유는 폴리에스터와 레이온이다. 보통 사염을 통해 선명하고 다양한 색상을 가져서 장식적인 요소로 활용된다. 이 책에서는 실습을 위하여 표 3-1과 같이 사염된 폴리에스터사와 레이온사를 사용하였다. 전도사와 달리 일반 자수사는 다양한 색상을 구현할 수 있으므로 전자섬유 내에서 꽃이나 캐릭터 등 디자인 요소로서 활용된다.

표 3-1 일반 자수사의 종류 및 스펙

제조사	MARATHON	MARATHON
소재	폴리에스터	레이온
사진	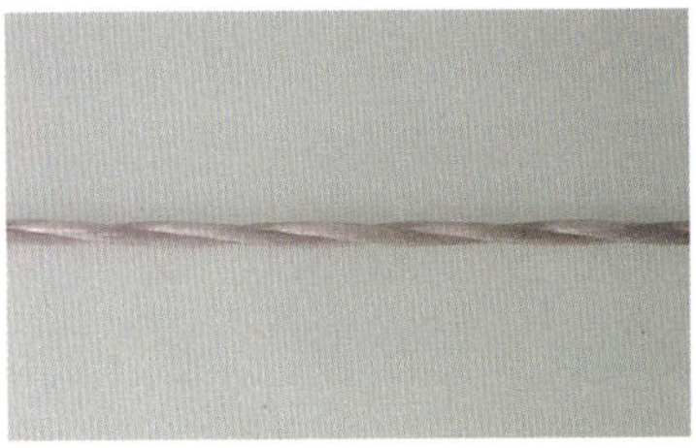	

전도사

전도사는 전통적인 섬유사의 표면을 금속으로 코팅한 것으로, 금속의 코팅층을 통해 전자가 자유롭게 이동하므로 전기 전도성을 갖는다. 이때 심사로 나일론이 가장 많이 사용되고 있다.

자수용 전도사는 독일 기업의 제품들이 널리 사용되고 있으며 대표적인 기업으로는 아만(AMMAN), 마데이라(Madeira) 등이 있다. 이들 기업은 전도사의 저항과 실의 굵기 등 다양한 스펙의 제품들을 개발하여 판매하고 있는데, 대표적인 제품은 표 3-2와 같다. 제시한 전도사는 모두 은(silver)으로 코팅된 전도사이다. 그러나 동일한 금속으로 코팅하였음에도 코팅된 은의 순도와 함량이 다르기 때문에 각기 다른 저항값을 가진다. 여기에서 저항이란 전류의 흐름을 방해하는 정도를 나타내는 물리량이

표 3-2 전도사의 종류 및 스펙

제조사	AMMAN	Madeira®	
제품명	Silver-tech 120	HC-12	HC-40
사진	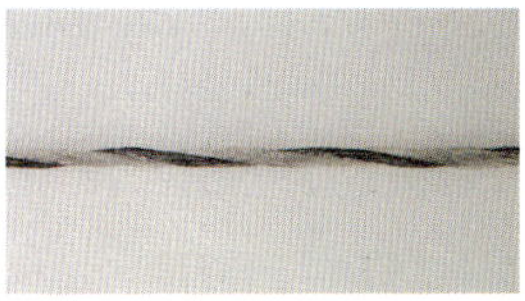		
저항 (Ω/m)	530	100	300
굵기 (Tex)	28	61	29

며 단위는 Ω(ohm)을 사용한다. 일반적으로 전도사는 직접 자수기에 투입하여 자수할 수 있을 정도로 유연하나, 일반 자수사와 비교한다면 금속의 코팅층으로 인해 다소 뻣뻣하고 만졌을 때 거칠게 느껴진다.

전도사를 직접 직물에 자수하여 센서를 만들거나 자수기법을 통해 보드 등을 직물에 연결한다면 센싱이나 신호전달과 같은 기능을 발휘할 수 있으며, 이는 기존의 센서나 전선, 반도체 소자 등이 하던 역할을 대체할 수 있게 된다. 따라서 제품의 형태나 용도에 적합하도록 적절하게 자수기법을 응용한다면 최종 제품의 유연성과 외관을 향상시키고 경량성을 확보하는 등의 장점을 확보할 수 있을 것이다.

와이어

와이어는 전도사 중에서 굵기가 굵거나 유연성이 떨어져 바늘에 꿸 수 없으므로 직접 자수하기는 어려운 형태이다. 따라서 직접 자수가 아닌 일반 자수사를 이용하여 간접 자수한다. 와이어로 사용되는 재료는 주로 구리나 스테인리스 스틸이며 와이어에 전압을 인가하여 저항발열에 의한 발열소자 제작에 이용한다.

표 3-3 와이어의 종류 및 특성

제조사	BEKAERT	BEKAERT
제품명	VN12.3.2.175S	Bekiflex LR 63.91. T01-0.152
소재	Stainless steel	Copper wire
사진	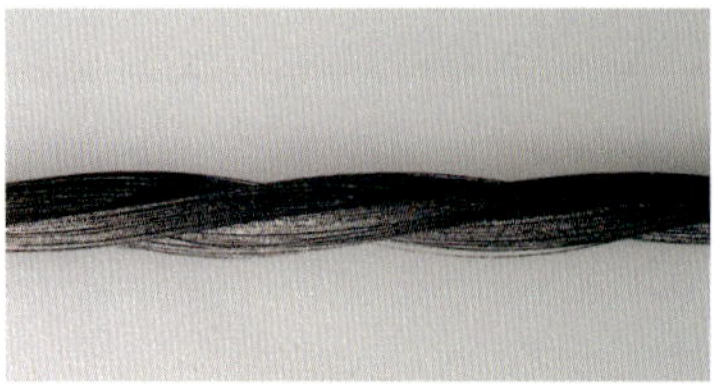	
저항 (Ω/m)	0.15	0.15
굵기 (Tex)	3,250	760

(3) 바늘

테크니컬 자수기용 바늘은 자수사의 굵기에 따라 바늘의 크기를 선택해야 한다. 일반적으로 바늘의 숫자가 클수록 바늘 구멍의 크기가 크다. 또한 자수기 헤드에 따라 사용하는 바늘 끝의 형태가 달라지므로 주의하여야 한다. 앞서 언급하였듯이, F-head나 W-head를 사용하여 로크 스티치를 할 경우에는 바늘 끝이 둥근 볼 포인트 바늘을 사용하여야 하며, K-head를 이용하여 모스 스티치를 할 경우에는 끝이 갈고리 형태인 바늘을 사용하여야 한다.

표 3-4 자수기법에 따른 자수 바늘의 특성

제품명	DBXK5	PHXC70
사진	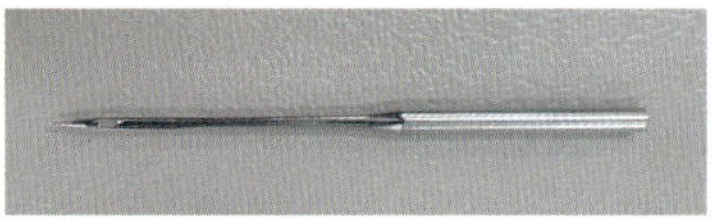	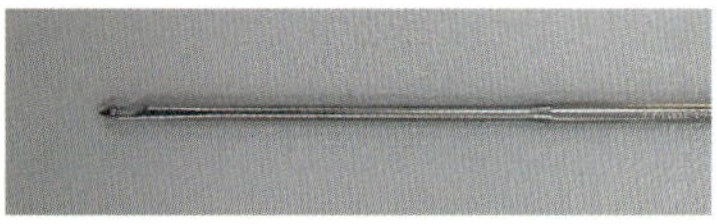
사용처	F/W-head	K-head
형태	기본 바늘 형태	갈고리 형태
사용자수사	폴리 자수사, 전도사 등	면사, 전도사 등

(4) LED 시퀸

LED(Light Emitting Diode)란 전류를 빛으로 변환시키는 반도체 소자이며, 다이오드의 특성을 가지므로 극성에 맞도록 전류를 연결하여야만 작동한다. 이 책의 테크니컬 자수기에서는 시퀸 암을 통하여 LED 시퀸이 1개씩 잘리면서 직물 위에 올려 놓아지며, 이후 자수를 통하여 고정된다. 시퀸 암의 크기가 고정되어 있으므로 LED 시퀸의 지름은 7 mm이며 발광부는 1 × 2 mm의 크기를 사용한다. LED 시퀸은 그림 3-15와 같이 정중앙에 구멍이 있고, 구멍의 상하 방향에 홈이 있어서 일반 자수사나 전도사가 연결된 바늘이 이 홈을 통과하여 자수할 수 있는 형태이다.

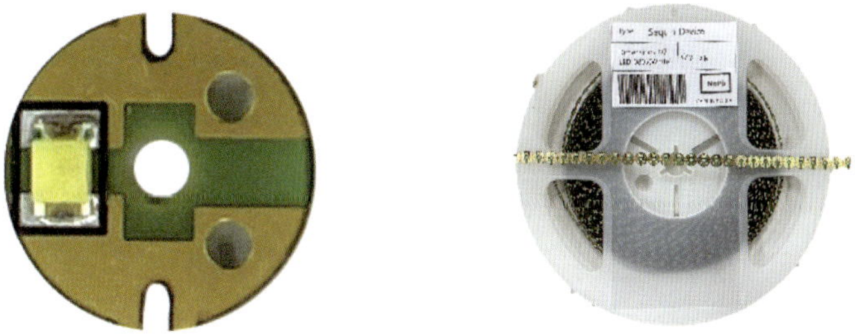

그림 **3-15** LED 시퀸(좌)과 시퀸롤(우)

표 3-5 LED 시퀸의 특성

지름	재료	표면재료	LED 스펙
7 mm	PI/Polyimid	Ni/Au	White(400 mcd), 3.2 V(at 20 mA)

3.4 전자섬유 제작 순서

전자섬유의 제작 순서는 크게 3가지 단계로 구분할 수 있다. 1단계는 프로그램을 통하여 자수 디자인을 설계하는 것이며, 2단계는 완성된 자수 디자인을 자수기에 적합하도록 변환하고 옮기는 것이다. 마지막 3단계는 직물 위에 자수를 한 뒤 재단과 봉제를 거쳐 최종 제품으로 완성하는 것이다.

(1) 소프트웨어 용어

자수 디자인을 설계하기 위해서는 전문 소프트웨어 프로그램을 사용하여 벡터 파일을 만들어야 한다. 이 책에서 사용하는 자수용 소프트웨어는 ZSK Stickmaschinen 사의 EPC_win software이다. 해당 프로그램에서 사용하는 용어와 단축키는 다음과 같다.

기초용어 및 단축키

■ 기초용어

- Drawing : 도형이나 글자 등 자수할 밑그림을 생성하는 작업
- Punching : 자수 스티치를 생성하는 작업
- Editing : Drawing이나 Punching 데이터를 수정하는 작업
- Object : Drawing을 통해 생성된 대상
- Stitch : 자수 한 땀
- Parameter : 자동 펀칭 프로그램을 사용 시 스티치의 생성 방식을 조절할 수 있는 변수
- Special function : 자수 동작 제어 명령어

■ 키보드 단축키 및 마우스 [조작법]

-  마우스 왼쪽 버튼으로 작업 선택 기능
-  마우스 오른쪽 버튼으로 작업 확정 기능
- PG UP / PG DN 그림 확대 / 축소
- SPACE +  화면의 좌우측 특정위치로 Drawing 재배치 가능
- - + 0 or C 그림을 중심에 재배치
- CTRL + Z / CTRL + Y Undo / Redo(뒤로 가기/앞으로 가기)
- CTRL + C / CTRL + V Copy / Paste(복사/붙여넣기)

메인화면의 구성

자수 설계를 위한 소프트웨어를 구동하였을 때, 초기화면은 그림 3-16과 같이 검은 색 바탕의 메인화면이 나타난다. 메인화면의 우측과 하단에는 여러 가지 아이콘이 배치되어 있는데, 아이콘의 종류 및 기능은 그림 3-17과 같다.

그림 3-16 EPC_win software의 메인화면

그림 3-17 메인화면 우측의 아이콘 이름 및 기능

Edit design head

Edit design head 메뉴는 자수 디자인을 시작하기 전에 기본적인 작업 조건을 설정하기 위한 메뉴이다. 세부적으로 기기 및 헤드 종류, 실의 색상, 시작 바늘 번호 등을 지정할 수 있다.

표 3-6 Edit design head 메뉴

Machine type	• 작업하는 테크니컬 자수기의 모델명을 선택 • 이 책에서는 SGVA 0109–825로 지정
Head type	• F–head : 로크 스티치 자수와 시퀸을 이용한 자수를 할 때 • W–head : 와이어를 이용한 TFP 자수를 할 때 선택 • K–head : 모스 스티치와 체인 스티치 자수를 할 때 선택
Start needle	• 자수를 시작할 때 첫 스티치 바늘의 번호 입력

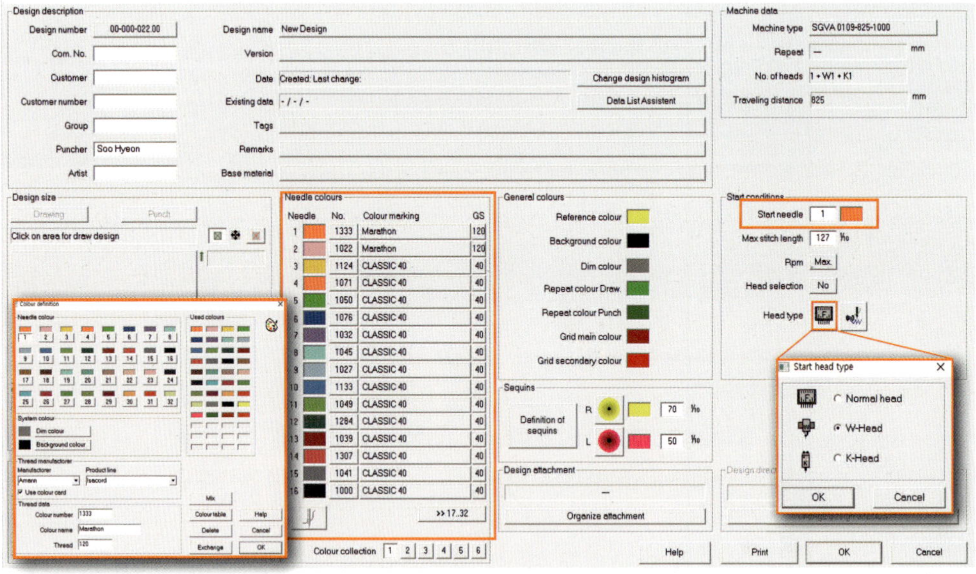

그림 **3-18** Edit design head 창

(2) 디자인 설계(프로그래밍)

자수 디자인 제작은 드로잉(drawing), 펀칭(punching) 순서로 진행되며, 필요한 경우 수정(editing) 작업을 진행하기도 한다.

드로잉(drawing) : 밑그림 데이터 생성

그림 3-19
드로잉 아이콘

드로잉이란 자수 스티치를 생성하기 위한 밑그림 작업을 말한다. 자수용 소프트웨어를 사용하여 직접 그릴 수도 있고, CAD나 Illustrator와 같은 디자인 프로그램 기반의 데이터를 불러와서 작업할 수도 있다. 드로잉된 object는 스티치가 아니라 윤곽선만 형성된 밑그림의 상태로 실제 자수가 되는 것은 아니다. 따라서 드로잉 자체로는 실제 자수기 동작에 있어 어떠한 영향도 미치지 않는다.

그림 3-20
마우스 커서

소프트웨어 화면에서는 그림 3-20과 같이 화면에 빨간색 외곽선을 지닌 원을 확인할 수 있는데, 이 원형 내에 빨간색이 교차된 지점이 마우스 커서에 해당한다. 드로잉 모드에서는 마우스의 왼쪽 버튼을 클릭하여 선과 도형을 그린다.

드로잉 방식은 수동 드로잉과 소프트웨어 내의 도구를 사용하는 자동 드로잉으로 구분된다. 먼저 수동 드로잉은 마우스 왼쪽 버튼을 클릭하면 생성되는 각 점들을 연결하여 곡선을 만들며, 만약 직선을 그리고자 한다면 마우스 왼쪽 버튼을 더블클릭하여 직선 형태로 변경하고 드로잉한다.

표 3-7 곡선과 직선 그리기

곡선 그리기	직선 그리기
클릭 → 클릭	더블클릭 → 클릭 〉 클릭
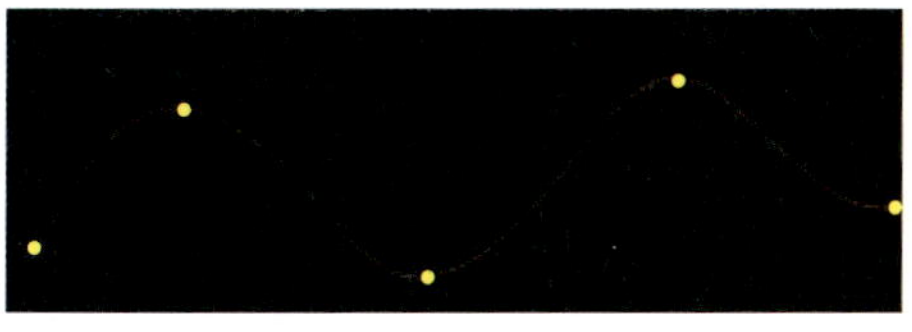	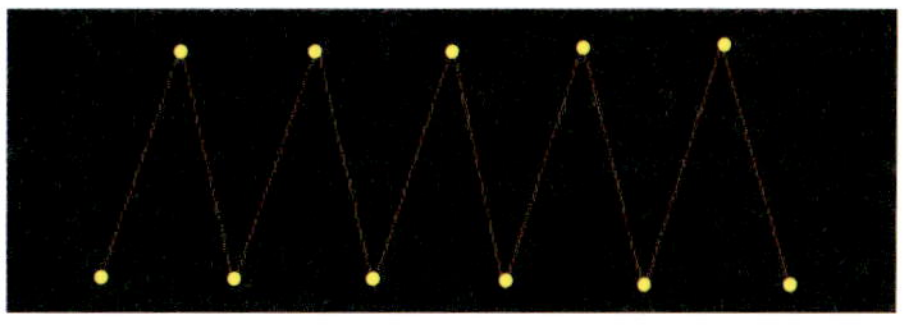

자동 드로잉은 Contour modus(F4)와 Geometry(F7) 메뉴를 사용하여 진행한다. Contour modus 메뉴는 선을 자동으로 드로잉할 수 있는 도구로 Mode와 Parameters를 지정하기 때문에 수동 드로잉 방식보다 쉽고 정확하게 선을 그릴 수 있다. Mode는 선을 그리기 위한 기하학적 형태를 설정하는 것이며, 세부적으로 그림 3-21과 같이 곡선(curved), 코너(corner), 직각(straight), 원호(arc)를 선택하여 다양한 선을 디자인할 수 있다. 특히 원호는 반지름을 지정하여 곡선의 각도와 길이 등의 조절이 가능하다. Parameters는 변수로써 선의 길이와 기울기는 각각 limitation of length와 step에서 지정한다.

■ Contour modus 작업순서

① Contour modus 활성 : F4 혹은 아이콘 클릭

② Mode 선택 : 해당하는 번호(1~4) 혹은 아이콘 선택

③ Parameters 지정 : 값 입력

④ : 선 생성, : 선 확정

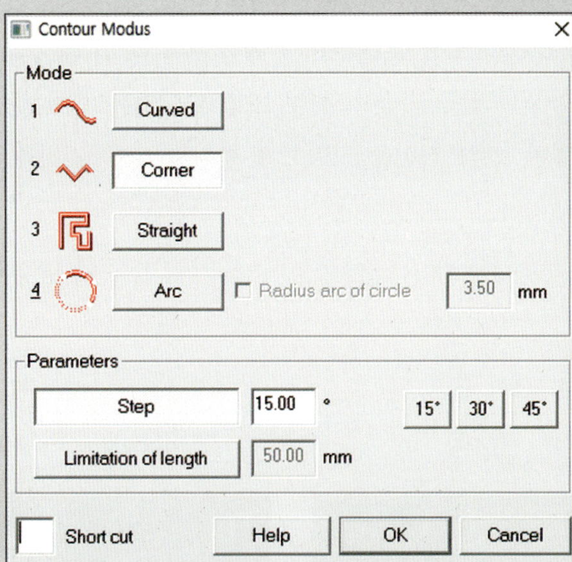

그림 **3-21** Contour modus 창

실습 자동 드로잉 도구로 선 그리기

• Contour modus의 4가지 mode를 사용하여 곡선, 코너, 직각, 원호 그리기

- 순서 : Drawing → F4 클릭 → Mode 선택 → 클릭 → 클릭
- 결과물

표 3-8 Contour modus를 활용한 드로잉 데이터

곡선 (Curved)	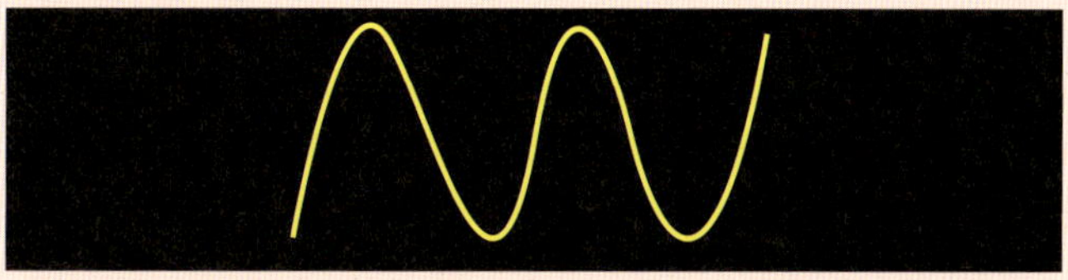
코너 (Corner)	
직각 (Straight)	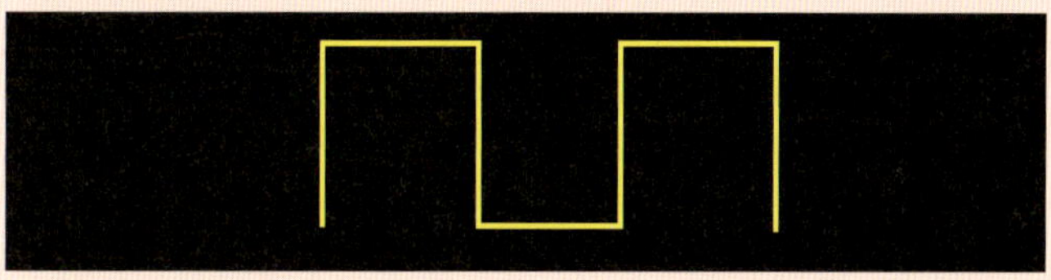
원호 (Arc)	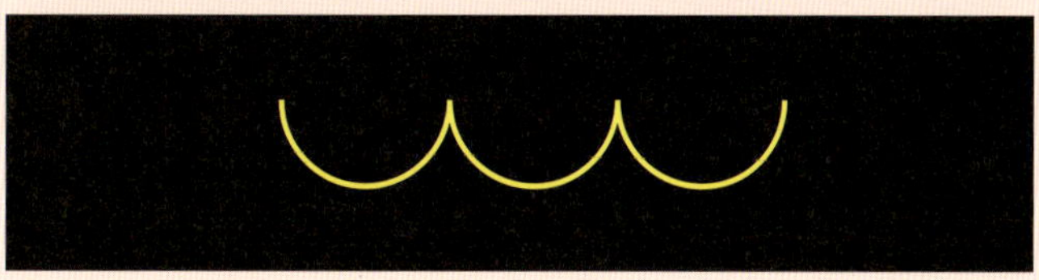

반면 Geometery 메뉴는 도형을 자동으로 드로잉할 수 있는 도구이다. 기본적으로 선택 가능한 형태(form)는 그림 3-22와 같이 원형(circle), 다각형(polygon), 직사각형(rectangle), 나선형(spiral) 등 총 10가지이다. 디자인에 활용하고자 하는 형태를 선택한 뒤 폭이나 높이, 반지름 등의 변수(parameter)를 입력하여 object를 생성한다.

■ Geometry 작업순서

① Geometry 활성 : F7 혹은 아이콘 클릭

② 도형 형태 선택 : 해당하는 번호(1~10) 혹은 아이콘 클릭

③ 도형 그리기 : 자유 크기 이후 F11 혹은 아이콘 클릭

④ 변수(parameter) 설정 : 값 입력

⑤ : object 생성, : object 확정

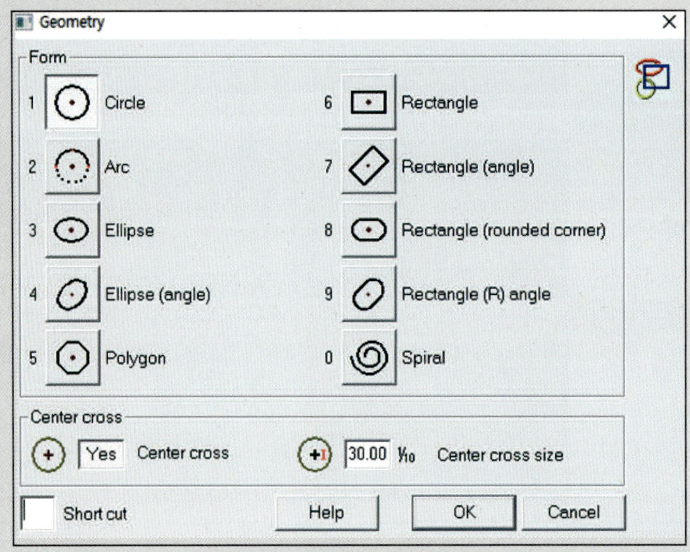

그림 3-22 Contour modus 창

실습 자동 드로잉 도구로 Object 그리기

- Circle, Polygon, Rectangle를 사용하여 각 조건에 맞는 object 그리기
  - 원형(지름 20 mm), 다각형(폭 20 mm), 직사각형(폭 20 mm, 높이 10 mm)
  - 순서 : Drawing → F7 → Form 선택 → F11 → Parameter 입력 → 클릭 → 로 동작 [확정]
  - 결과물

표 3-9 드로잉 Parameters와 결과물

<table>
<tr><td>Circle</td><td>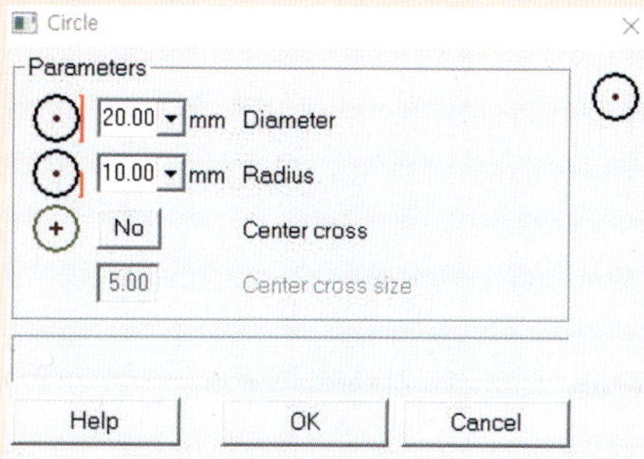
</td><td>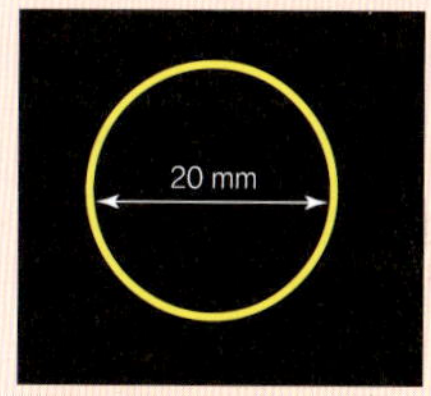
</td></tr>
<tr><td>Polygon</td><td>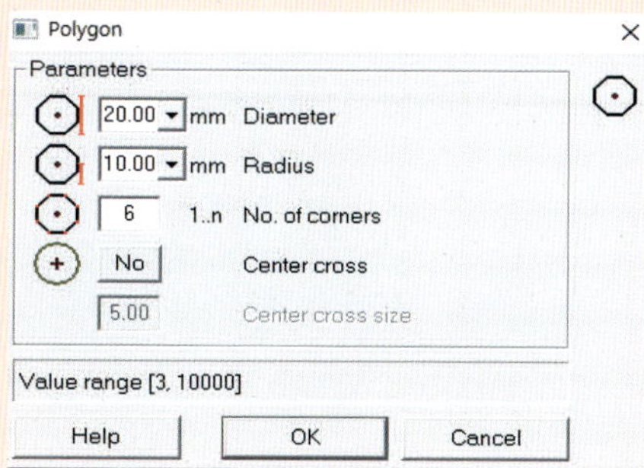
</td><td>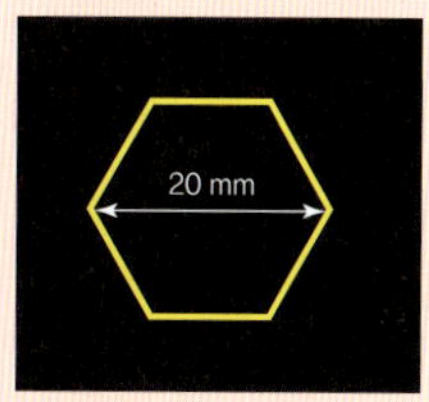
</td></tr>
<tr><td>Rectangle</td><td>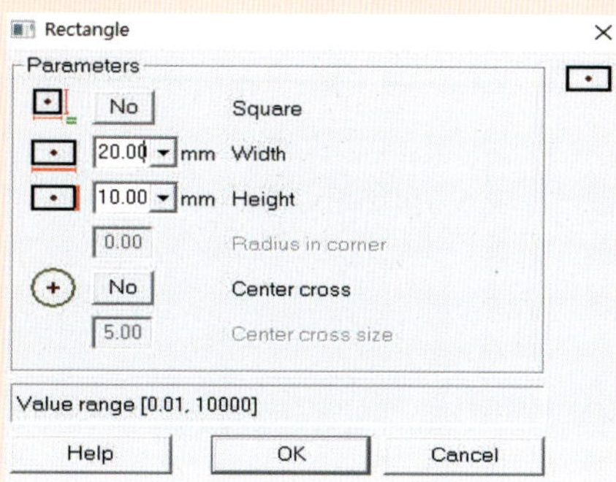
</td><td>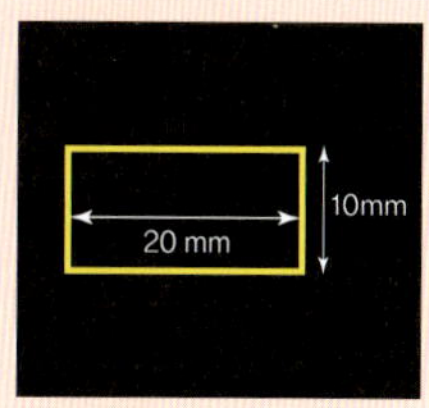
</td></tr>
</table>

편칭(punching) : 스티치 데이터 생성

편칭이란 드로잉으로 제작한 밑그림을 기준으로 실제 자수를 위하여 스티치(stitch) 데이터를 생성하는 단계이다. 펀칭 또한 자유롭게 스티치를 제작하는 수동 펀칭(manual punching) 방식과 프로그램을 사용하여 수치를 입력함으로써 스티치를 형성하는 자동 펀칭(auto punching) 방식으로 구분된다.

메인화면에서 F8을 클릭하면 펀칭 모드로 변경된다. 그림 3-23의 펀칭 데이터상에서 초록색 점으로 표기되는 부분은 니들 포인트로 바늘이 원단을 통과하는 지점이며, 이러한 점과 점이 이어져 생성된 선들이 스티치이다.

수동 펀칭 모드에서는 작업자가 원하는 위치에 마우스 왼쪽 버튼을 클릭하여 니들 포인트를 생성함으로써 스티치 데이터를 만든다. 이러한 방식은 스티치를 원하는 위치와 길이로 만들 수 있다는 것이 장점이다. 하지만 생성된 스티치의 형태, 크기가 일정하지 않기 때문에 대면적 작업물을 제작하는 데 적합하지 않다. 따라서 스티치 생

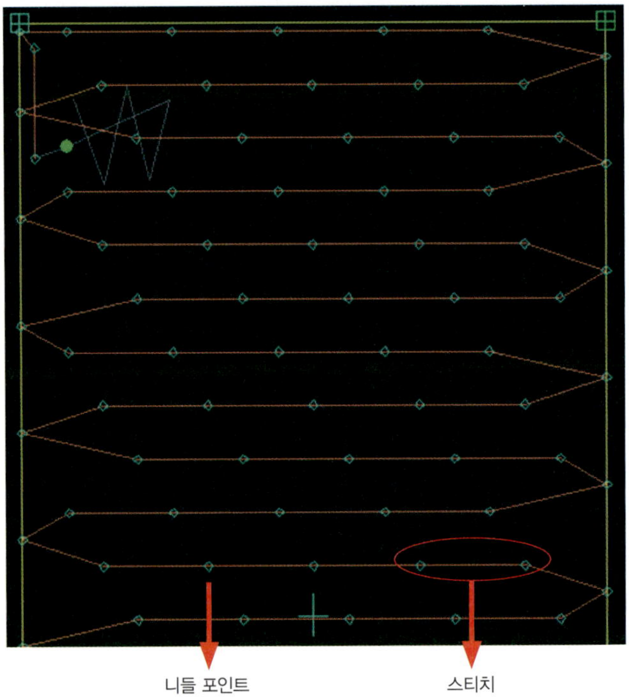

그림 3-23 니들 포인트와 스티치

성 작업은 대부분 자동 펀칭이 사용된다. 일반적으로 수동 펀칭 작업은 자동 펀칭 전에 사용하는데, 이는 첫 실을 잘 꿰기 위함이다.

수동 펀칭으로 첫 실을 잘 고정한 뒤 마우스 우측 버튼을 클릭하면 자동 펀칭을 시작할 수 있다. 자동 펀칭 모드는 소프트웨어에 내장되어 있는 다양한 펀칭 프로그램을 사용하여 스티치 데이터를 제작하는 방식이다. 사용하고자 하는 프로그램을 선택하면 화면 우측에 그림 3-24와 같이 사용 가이드가 활성화되므로 가이드를 따라 세부적인 변수를 입력함으로써 스티치를 제작한다. 각 프로그램마다 스티치의 제작방식이 다르기 때문에 반드시 가이드를 확인하고 펀칭 작업을 진행해야 한다.

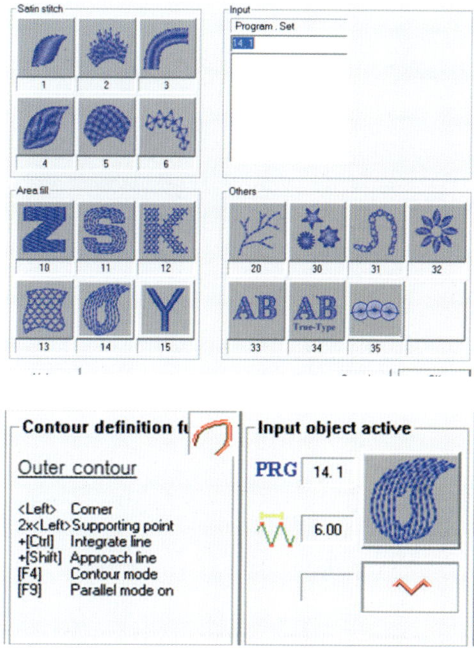

그림 3-24 자동 펀칭 프로그램(위)과 가이드(아래)

이 책에서는 여러 펀칭 프로그램 중 가장 빈번하게 사용되는 4가지 프로그램을 대표적으로 살펴보고자 한다. 세부적으로 소프트웨어 내 Prog number에 따라 Prog 14(comport fill plus), Prog 15(structured filling), Prog 20(comport line) 및 Prog 34(true type monogram)로 지칭하였으며, 형태와 기능은 표 3-10과 같다.

표 3-10 자동 펀칭 프로그램 내용

프로그램 번호	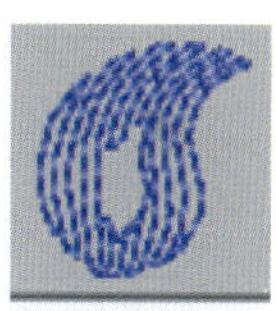 14	 15	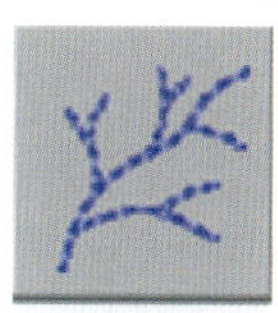 20	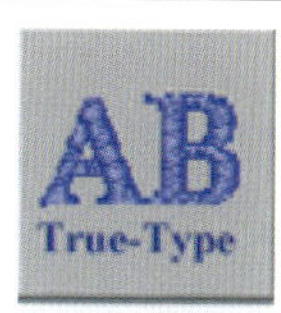 34
이름	Comport fill plus	Structured filling	Comport line	True type monogram
기능	object 내부 자수	object 내부 자수	object 선 자수	글자 자수

Prog 14. Comport fill plus

Prog 14는 object의 내부를 채우기에 적합한 프로그램이다. 또한 object 내부에 hole을 지정하면 해당 부분을 제외한 나머지 부분만 스티치를 생성할 수 있다. 채워질 object는 끊김 없이 한붓그리기를 통해 하나의 선으로 그려져 있어야 한다.

- 제작순서

① 수동 펀칭(Manual punching) – 첫 실 고정

: 프로그램 선택 → object 내부에 로 수동 펀칭 → 로 동작 확정

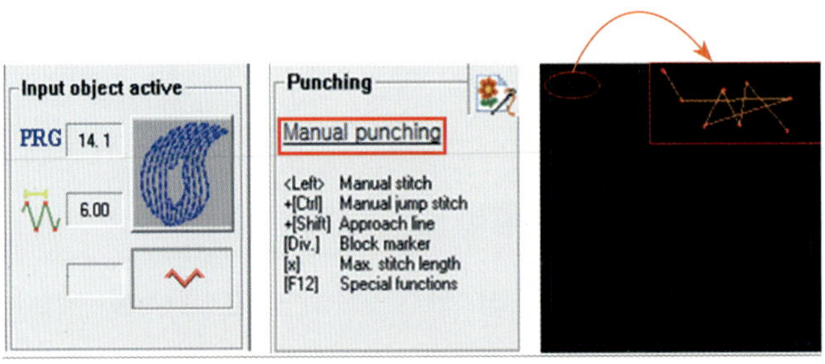

그림 **3-25** Prog 14 수동 펀칭 가이드 및 결과물

② 외부 윤곽선(Outer contour) – object의 윤곽선 선택

: CTRL + 로 object를 선택 → 선택된 object가 노란색 선으로 변화 → 로 동작 확정

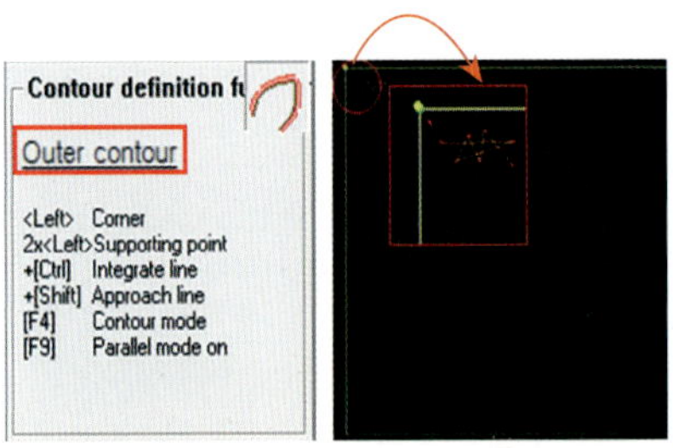

그림 **3-26** Prog 14 Outer contour 가이드 및 결과물

③ 스티치 방향(Stitch direction) – 자수 진행 방향 설정

: 로 direction 그리기 → 로 동작 확정

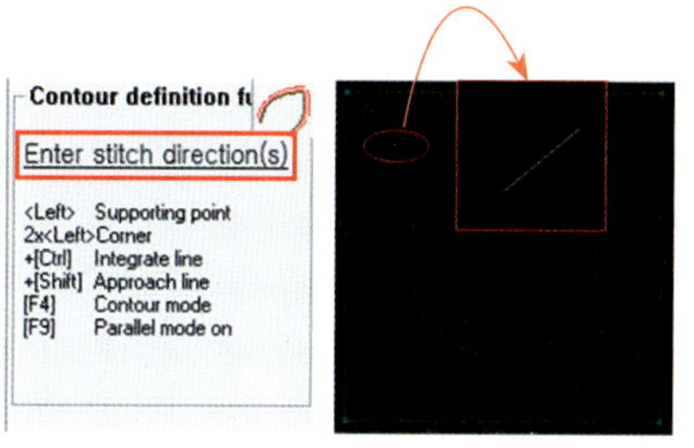

그림 **3-27** Prog 14 스티치 방향 가이드 및 결과물

④ 내부 윤곽선(Inner contour)

: F2 hole 선택 → CTRL + 로 object 선택 → 선택된 object가 노란색 선으로 변화 → 로 동작 확정(만일 수행하지 않는다고 하면, ④번 과정을 건너 뜀)

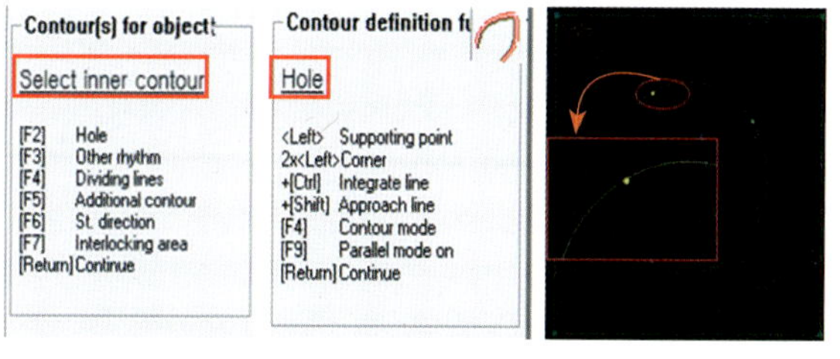

그림 **3-28** Prog 14 Inner Contour 가이드 및 결과물

⑤ 끝지점(End point) – 자수가 끝날 지점 선택

: CTRL + 로 끝지점 선택 → 로 동작 확정 → 자수 스티치 생성 확인

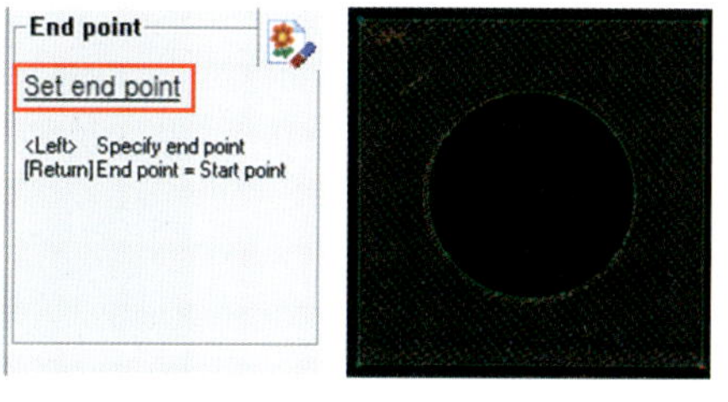

그림 **3-29** Prog 14 End Point 가이드 및 결과물

(계속)

• 변수(Parameter)

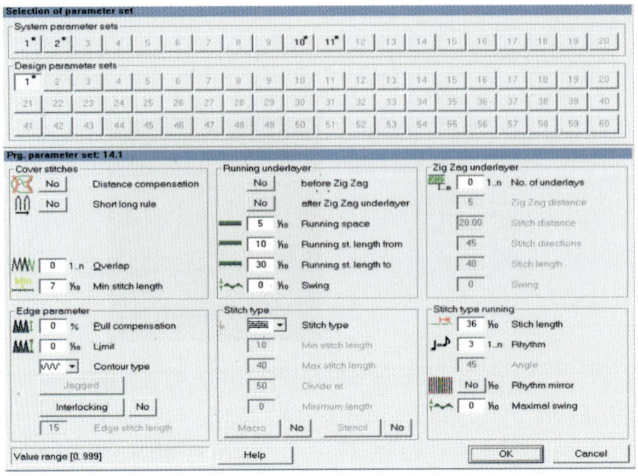

그림 3-30 Comport fill plus의 Parameters

① Zig Zag underlayer : 다른 스티치 레이어 추가

– No. of underlays : 추가할 레이어의 수 입력

– Stitch distance : 추가 레이어의 스티치 길이

② Edge parameter : 컨투어 부분의 스티치로 각 선의 엣지에 해당

– Contour type : 윤곽선 근처의 스티치 처리 방식

실습 Comport fill plus parameter 변경

• Comport fill plus의 Parameter를 변경해 비교하기

• Parameter 설정

① Zig Zag underlayer 변경 결과물

– No. of underlays = 0

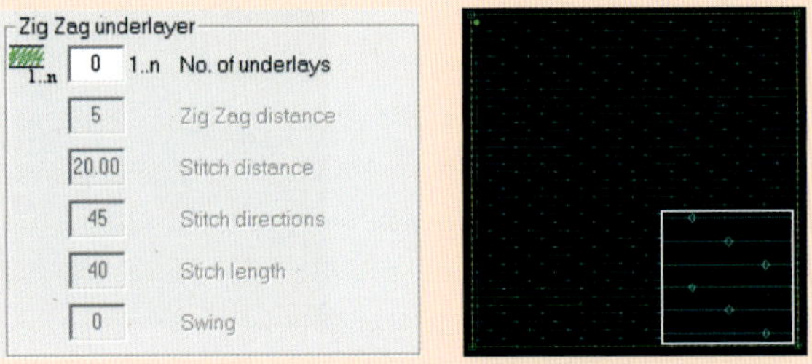

그림 3-31 Parameter 창(좌)과 결과물(우)

– No. of underlays = 1

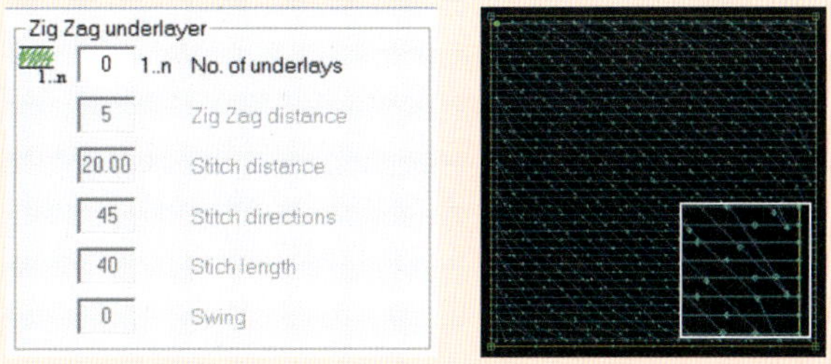

그림 **3-32** Parameter 창(좌)과 결과물(우)

② Edge parameter 변경 결과물

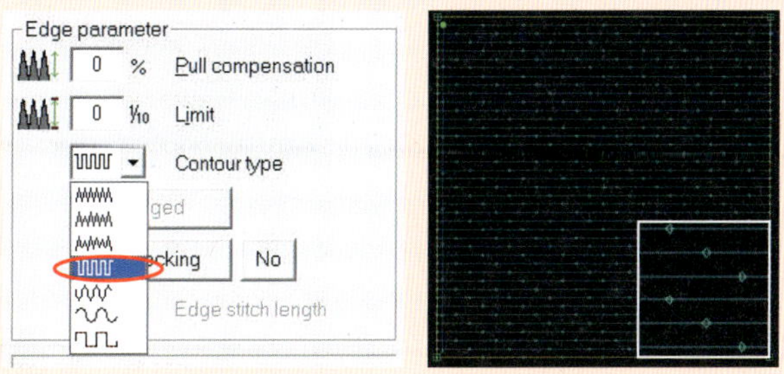

그림 **3-33** 직각 Contour type 결과물

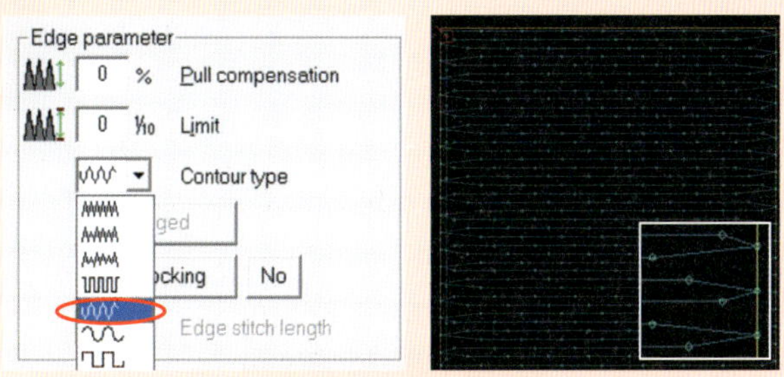

그림 **3-34** 곡선 Contour type의 결과물

Prog 15. Structured filling

Prog 15는 갈라진 형태를 가진, 즉 가지(brunch)가 있는 object의 내부를 채우기 위해 사용하는 프로그램이다. 구역을 나누어 스티치 방향을 각각 설정할 수 있는 장점이 있다. 채워질 object는 끊김 없이 한붓그리기 되어 있어야 한다.

- 제작순서

① 수동 펀칭(Manual punching) – 첫 실 고정

: 프로그램 선택 → object 내부에 로 수동 펀칭 → 로 동작 확정

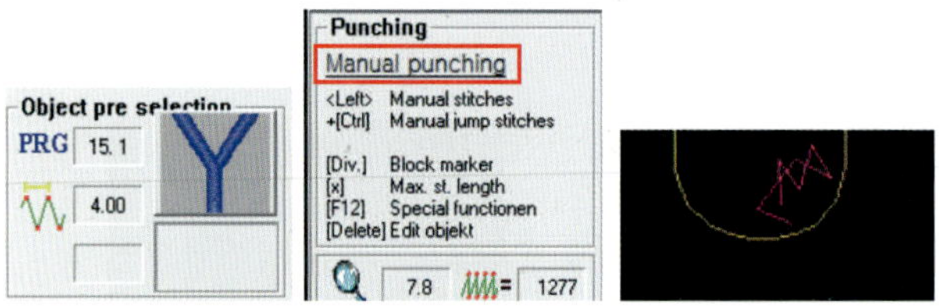

그림 **3-35** Prog 15 수동 펀칭 가이드 및 결과물

② 외부 윤곽선(Outer contour) – object의 윤곽선 선택

: CTRL + 로 object를 선택 → 선택된 object가 노란색 선으로 변화 → 로 동작 확정

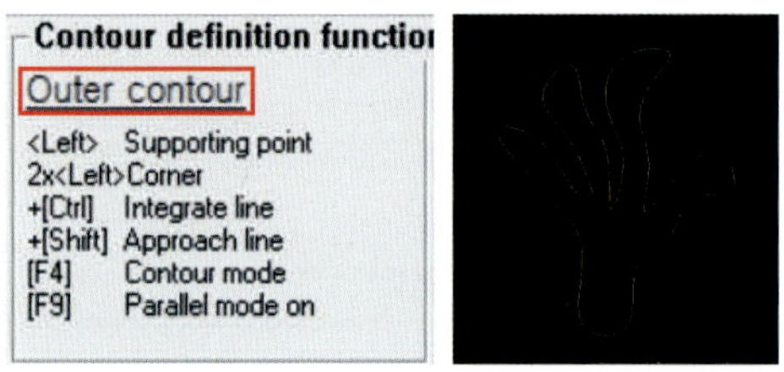

그림 **3-36** Prog 15 Outer contour 가이드 및 결과물

③ 내부 윤곽선(Inner contour) – 구역을 설정

: F8 클릭 → 로 동작 확정

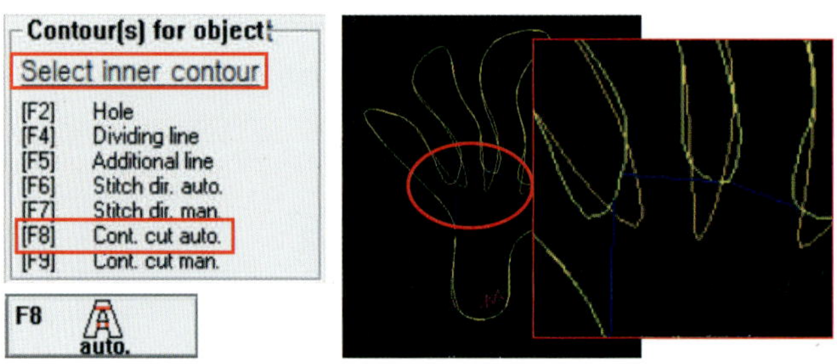

그림 **3-37** Prog 15 Inner contour 가이드 및 결과물

④ 내부 윤곽선(Inner contour) – 각 구역마다 스티치 방향 설정

: F6 클릭 → 로 동작 확정

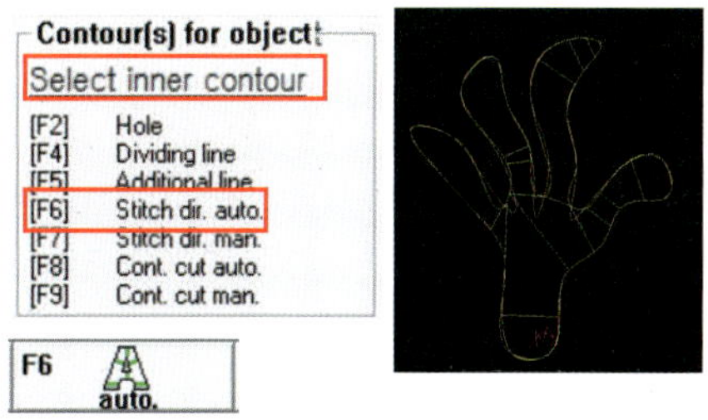

그림 **3-38** Prog 15 Inner contour 가이드 및 결과물

⑤ 끝지점(End point) – 자수가 끝날 지점 선택

: CTRL + 로 끝지점 선택 → 로 동작 확정

→ 자수 스티치 생성 확인

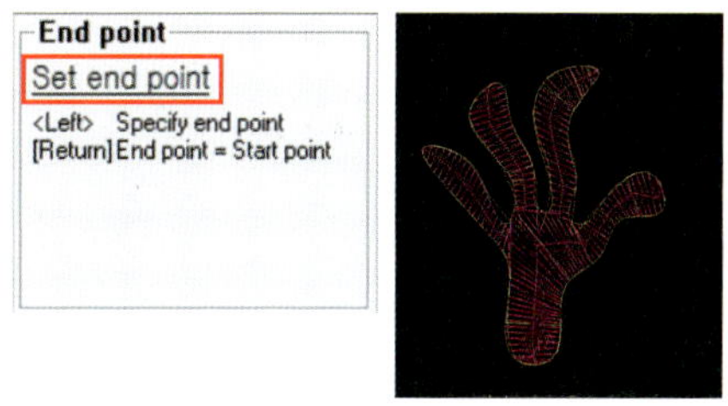

그림 **3-39** Prog 15 End point 가이드 및 결과물

- **변수(Parameter)**

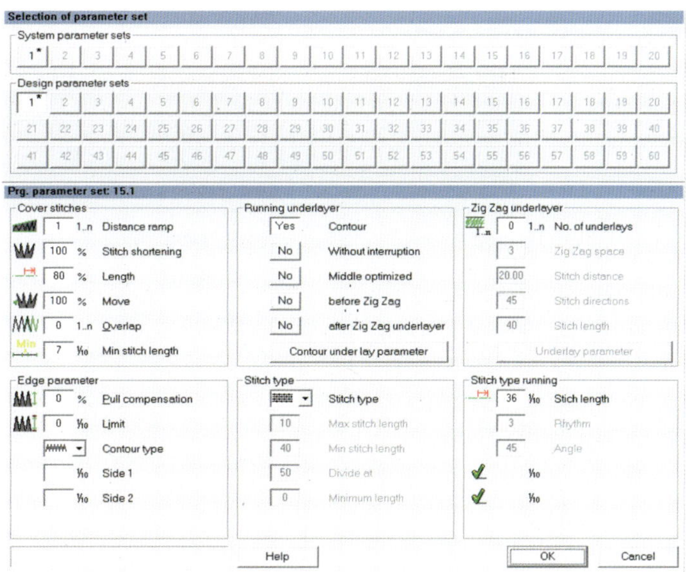

그림 **3-40** Structured filling의 Parameters

Prog 20. Comport line

Prog 20은 object의 외곽선을 스티치하는 데 적합한 프로그램이다.

- **제작순서**

① 수동 펀칭(Manual punching) – 첫 실 고정

: 프로그램 선택 → object 내부에 로 수동 펀칭 → 로 동작 확정

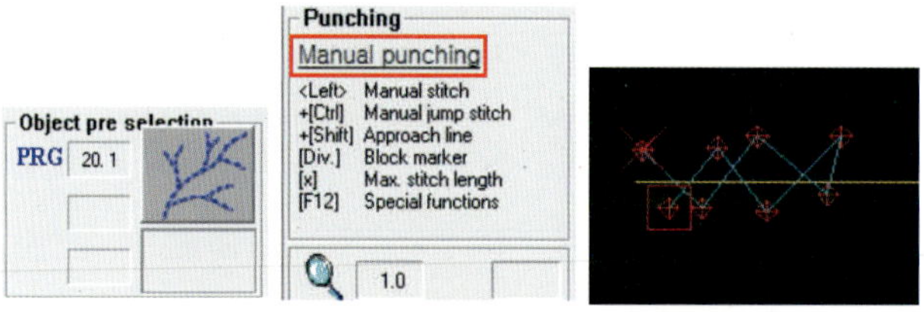

그림 3-41 Prog 20 수동 펀칭 가이드 및 결과물

② 끝지점(End point) – 자수 끝나는 위치 선택으로 변경

: CTRL + 로 object를 선택 → 선택된 object가 노란색 선으로 변화 → 로 동작 확정

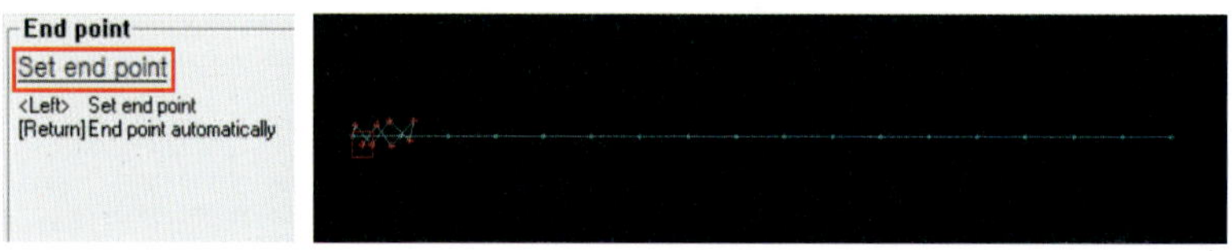

그림 3-42 Prog 20 End point 가이드 및 결과물

- **변수(Parameter)**

① General parameter : 전체적인 스티치 변수 설정

– No. of runnings : 자수의 반복 횟수(자수 레이어의 개수)

– Step length : 스티치 한 땀의 길이(단위는 *n*/10 cm로 30을 입력하면 3 mm 스티치 설정)

– Fix stitch / Lock stitch : 스티치 양끝에 매듭 개념으로 실을 고정하기 위한 스티치 추가

② 1st run, 2nd run, 3rd run, ... : 각 외곽선 레이어별 개별 조건 설정

– Swing : 지그재그 스티치 시 최고점의 높이

– Shift : 각 레이어끼리의 규칙성

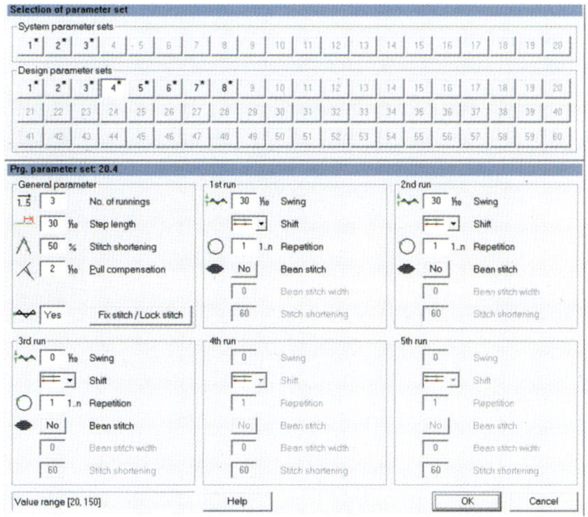

그림 **3-43** Comport line의 Parameters

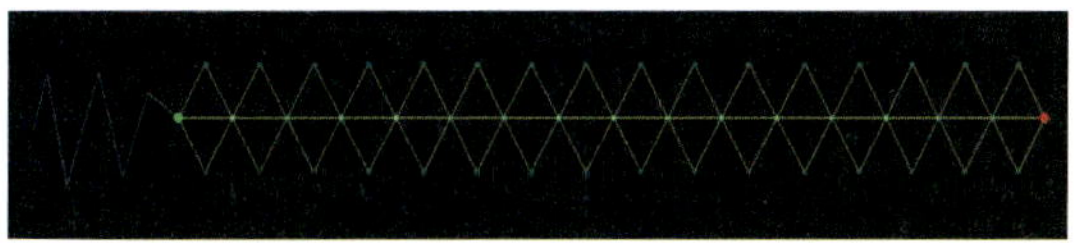

그림 **3-44** 그림 3-43에서 제시된 변수로 제작된 펀칭 데이터

실습 Comport line Parameter 변경

• Comport line의 Parameter를 변경

– 레이어의 수(1 → 3), Swing(0 → 5)로 입력. Shift 변경에 따른 변화 확인

• Parameter 설정

① No. of runnings 수치 변경 결과물

– No. of runnings = 0

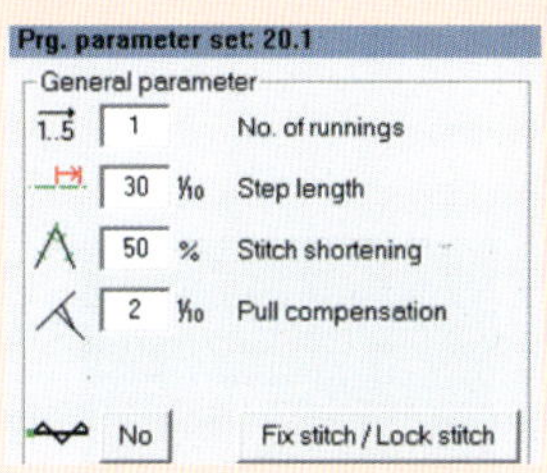

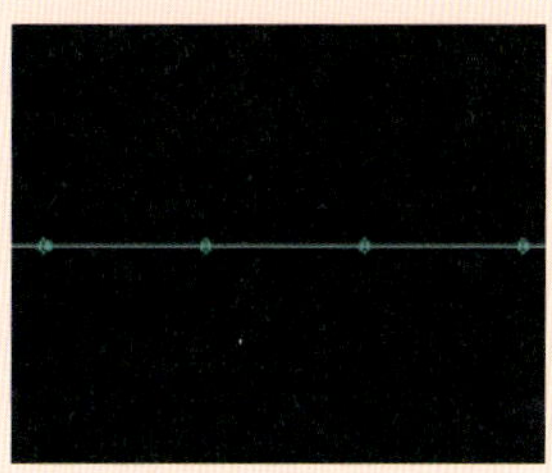

그림 **3-45** Parameter 창(좌)과 결과물(우)

(계속)

- No. of runnings = 3

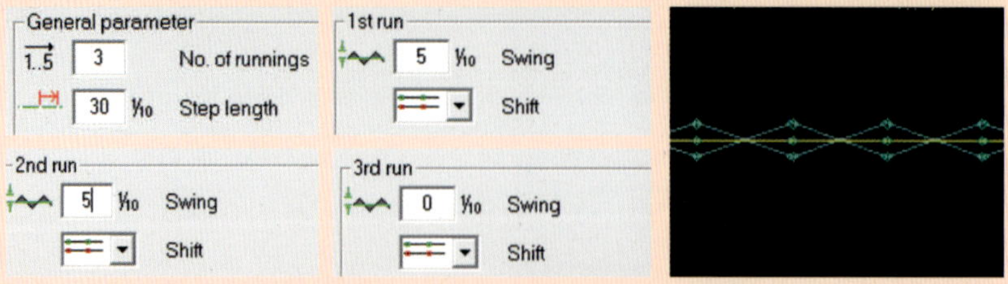

그림 **3-46** Parameter 창(좌)과 결과물(우)

② Shift 변경 결과물

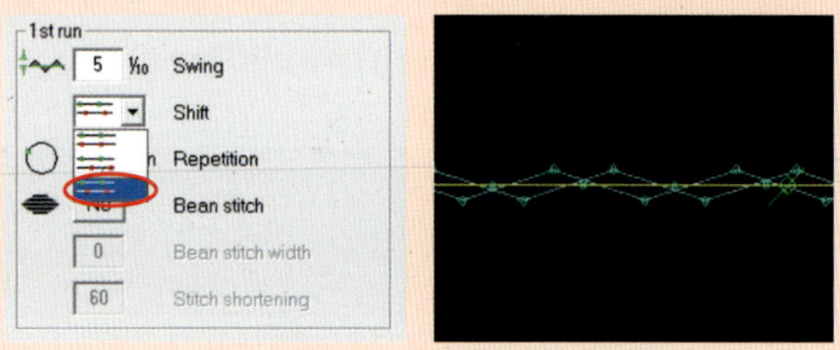

그림 **3-47** Parameter 창(좌)과 결과물(우)

Prog 34. True type monogram

Prog 34는 Type, 즉 문자를 자수하기 위하여 최적화된 프로그램이다. 키보드로 입력하면 자동으로 스티치가 생성되나, 아직까지는 영문만 가능하다.

- **제작순서**

① 수동 펀칭(Manual punching) – 첫 실 고정

: 프로그램 선택 → object 내부에 로 수동 펀칭 → 로 동작 확정

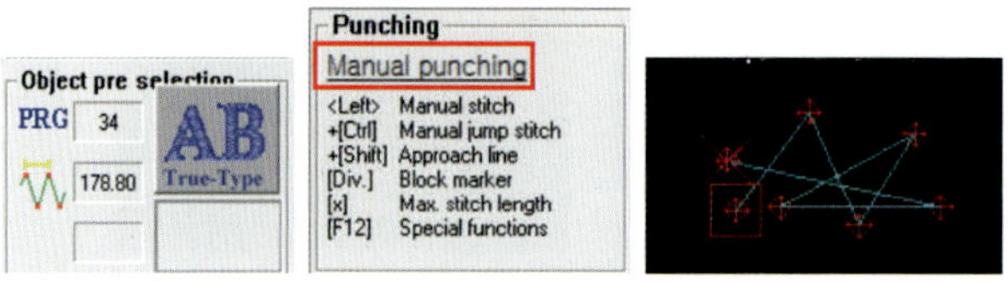

그림 **3-48** Prog 34 수동 펀칭 가이드 및 결과물

② Parameter 설정

– Form parameter : 폰트, 크기, 기울기 등 형태에 대한 변수

– Stitch parameters : 바늘 번호, 스티치 간격 등 스티치에 대한 변수

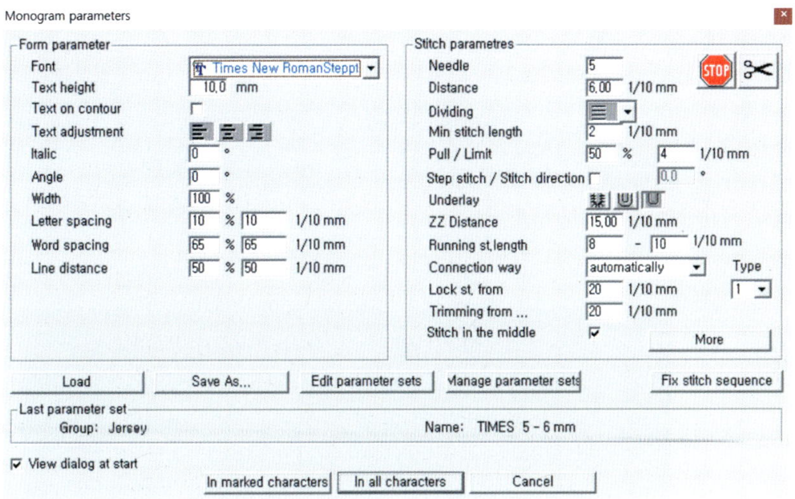

그림 **3-49** True type monogram의 Parameters

③ 타이핑 위치 지정하기

: 로 위치 지정 → 타이핑(영문자만 가능) → 로 동작 확정

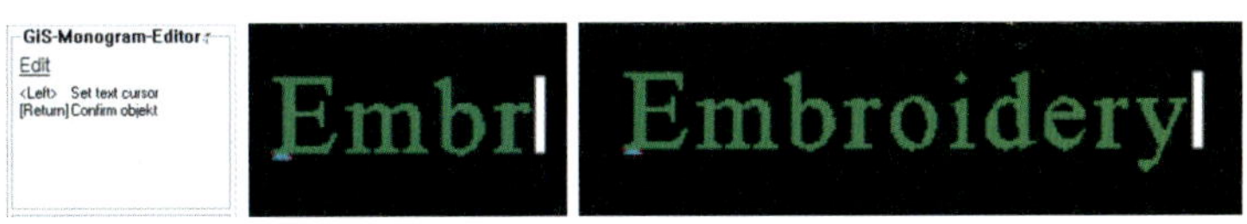

그림 **3-50** Prog 34 가이드 및 결과물

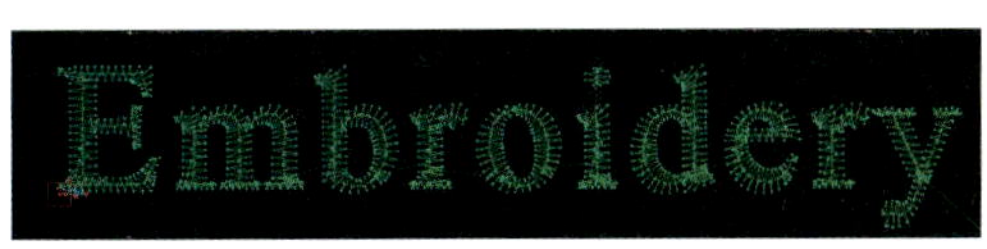

그림 **3-51** 그림 3-49에 제시된 변수로 입력 시 제작된 펀칭 데이터

실습 True type monogram Parameter 변경

- True type monogram의 Parameter를 변경
  - 크기(10 → 5), 기울기(0 → 5), 바늘(5 → 1)로 입력. 수치 변경에 따른 변화 확인
- Parameter 설정
  - Text height = 5, Angle = 5, Needle = 1 입력

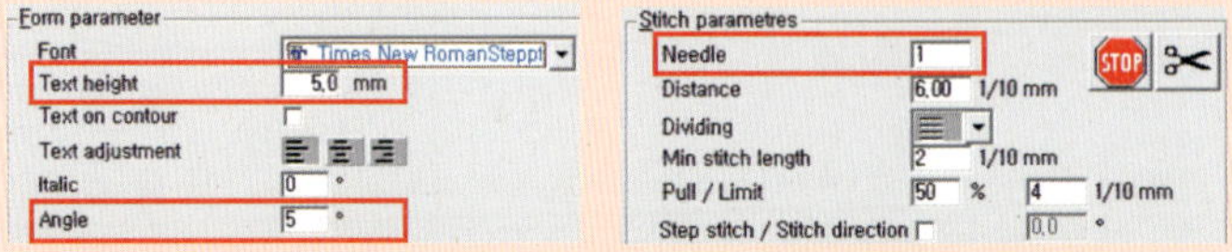

그림 **3-52** Parameter 창(좌)과 결과물(우)

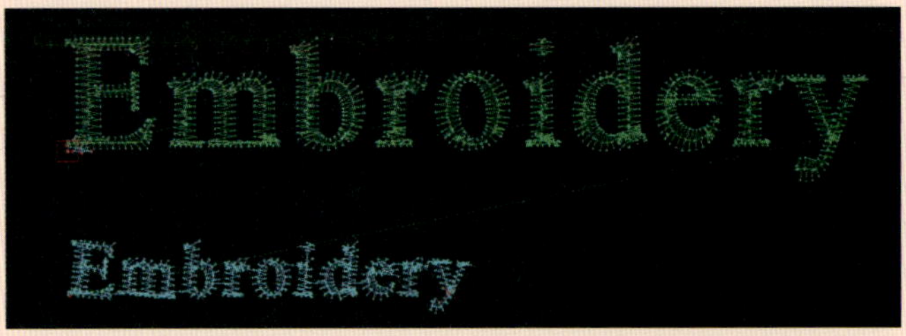

그림 **3-51** 그림 3-49의 변수로 디자인된 펀칭 데이터(초록색)와
그림 3-52의 변수로 디자인된 펀칭 데이터(하늘색)

- 예상 자수 이미지 확인하기

  : 자수사의 굵기를 입력하면 실제 자수된 후 예상 이미지를 확인할 수 있다. 이는 Type 자수뿐만 아니라 모든 펀칭 데이터에 대해 유효하다.

  - [F2] 혹은 아이콘 [F2] 선택 → True image 아이콘 [2 True image 2] 선택 → [ENTER] 클릭

그림 **3-54** 예상 자수 이미지

펀칭 프로그램으로 스티치를 생성할 때에는 기본적인 스티치 변수 외에도 절사, 바늘 변경, 자수 중지 등 여러 가지 테크니컬 자수기의 동작을 추가할 수 있다.

■ Special functions

① Special functions는 테크니컬 자수기의 여러 동작을 제어하는 기능들이다.

② 펀칭 모드에서 해당 부분에서 추가되었으면 하는 기능들을 로 선택한다.

③ 기능 종류

Needles : **스티치 생성할 바늘 선택**	스티치를 생성할 바늘의 번호를 로 선택하여 변경할 수 있으며 번호 밑에 나타난 색상으로 스티치가 생성되고, 색상은 "edit design head"에서 변경이 가능하다.
General functions : **바늘 변경 외 다양한 기능들**	• 40(Stop) : 자수 중단 • 43(Thread trimming) : 자수사 자르기 • 50/51(Sequin right/left) : Sequin device 작동 on/off • 64(RPM) : 자수 속도 설정
Functions for special machine units : **헤드와 스티치 종류 선택**	• 70(F–Head) : F–head로 자수 • 75(K–Head) : K–head로 자수 • 82(W–Head) : W–head로 자수

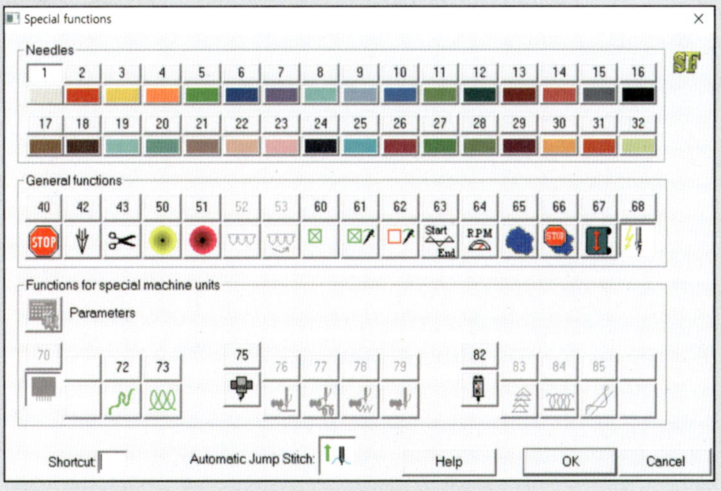

그림 **3-55** Special function 창

수정(editing)

수정 모드는 드로잉 데이터 혹은 펀칭 데이터를 변경하는 작업으로 전자섬유 제작에서 반드시 진행해야 하는 단계이다. 수정 모드는 Block selection(F3), Size and/or Orientation(F11), Copy & Paste/Mirroring, 그리고 Block tool box(F4)로 구분된다.

– Block selection(F3)

Block selection은 전체 작업물에서 일부를 구역으로 지정하는 도구이다. 구역으로 선택한 부분만 활성화되어 부분적인 이동, 크기 변경 및 제거 등의 수정 작업을 가능하게 한다. Single selection은 점, 선, 도형 등 object를 직접 클릭하여 구역을 지정하는 것이다. Rectangle은 화면에서 커서를 드래그하여 사각형을 그려냄으로써 사각형 내부에 있는 모든 object를 구역으로 지정한다. 마지막으로 Surround는 자유형으로 구역을 직접 그려서 선택하는 모드이다.

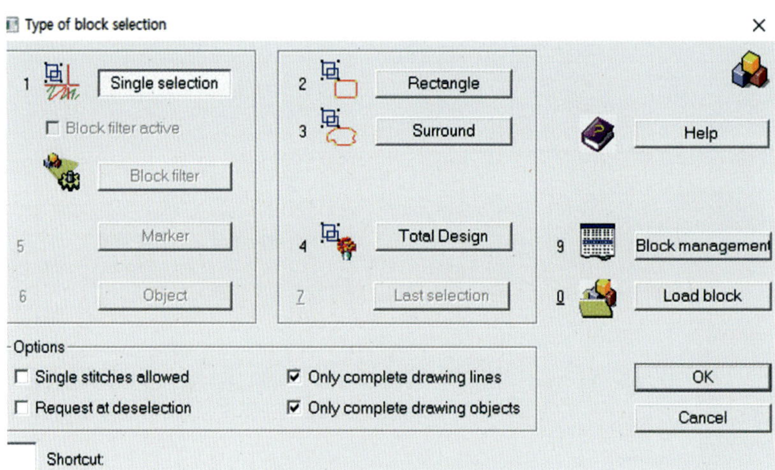

그림 3-56 Block selection 창

■ F3 Block selection 메뉴

Single selection

- Object를 구성하는 선을 클릭하여 하나의 object를 선택하는 기능
- 클릭으로 선택

  ① 선의 중간을 선택했을 때: 선 전체 선택, 전체 이동 가능

  ② 선의 말단을 선택했을 때: 선택된 말단 이외의 다른 말단은 고정된 채 선택된 말단만 이동시켜 선 변형 가능

  ③ 도형을 이루는 선의 중간을 선택했을 때: 도형 전체 이동 가능

  ④ 도형의 꼭짓점을 선택했을 때: 꼭짓점을 이동시켜 도형 변형 가능

Rectangle & Surround

- Object의 주변을 클릭하여 1개 이상의 object를 선택하는 기능
- Rectangular 선택: 클릭 후 드래그하여 생성한 사각형 내부에 있는 object 선택
- Surround 선택: 클릭으로 생성한 자유형 내부에 있는 object 선택

– Size and/or Orientation(F11)

Size and/or Orientation 메뉴는 object의 크기 변경, 회전, 위치 이동을 위한 도구이다. 세부적으로 Expansion은 object 크기의 확대 및 축소, Angle은 각도 변경, Mirror는 상하 혹은 좌우 반전, Block factors는 위치를 이동시키는 메뉴이다.

■ F11 Size and/or Orientation 순서

① 수정할 object 선택

② F11 Size and/or Orientation 활성화

③ 변경할 수치 입력

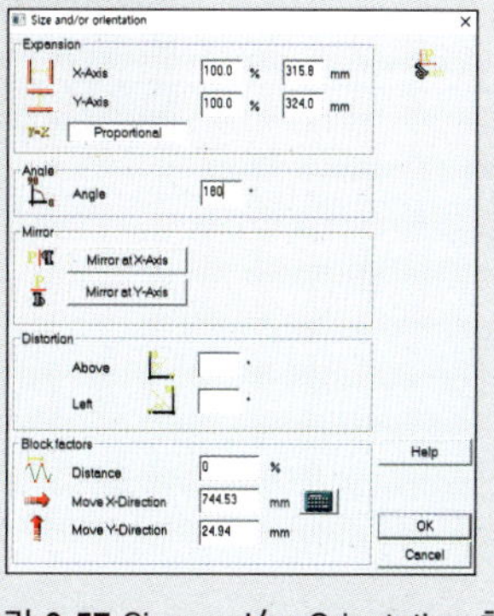

그림 3-57 Size and/or Orientation 창

실습 Object 크기 변경

• Block selection과 Size and/or Orientation 메뉴를 활용하여 특정 object의 크기 변경하기

– 순서 : F3 (block selection) 활성 → Rectangle → 드래그(object 선택) → (object 선택 확정)
→ F11 활성 → Expansion 50% 입력 → ENTER 클릭

– 결과물

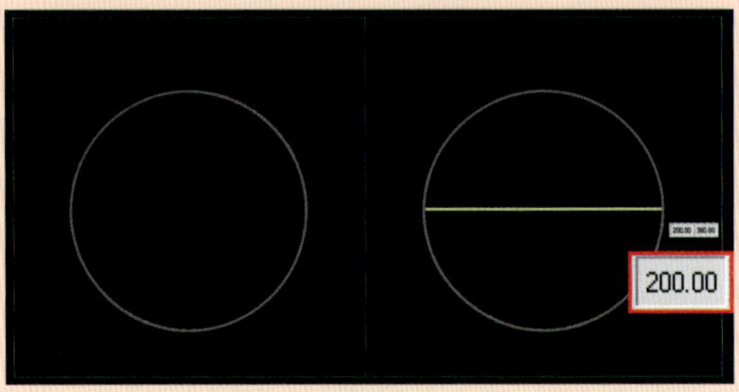

↓ F11 클릭

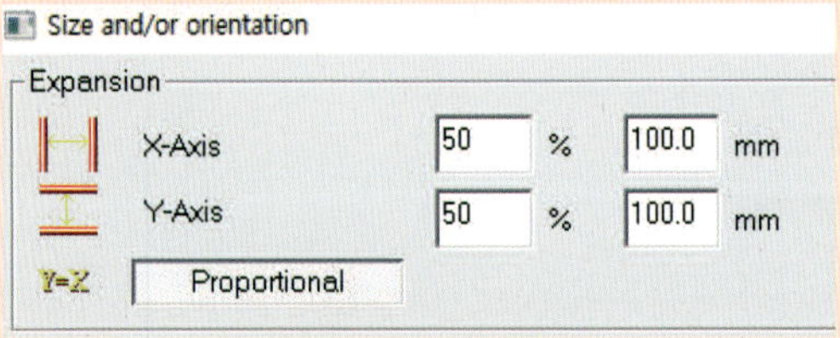

↓ Expansion 50 입력

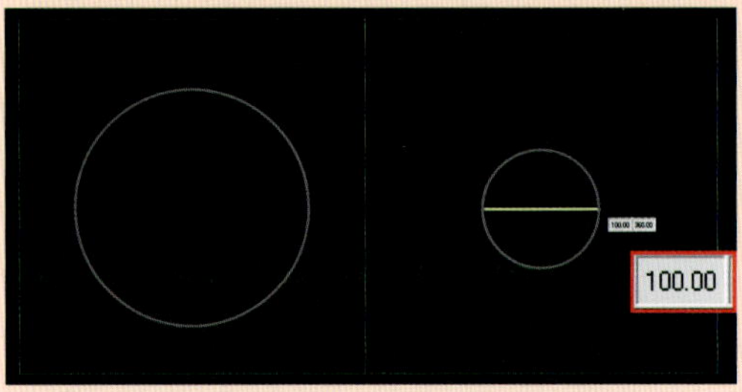

그림 **3-58** Expansion 파트 50%로 축소 결과물

실습 Object 회전

• Block selection과 Size and/or Orientation 메뉴를 활용하여 특정 object를 회전시키기

– 순서 : F3 (block selection) 활성 → Rectangle → 드래그(object 선택) → (object 선택 확정) → F11 활성 → Angle 180 입력 → ENTER 클릭

– 결과물

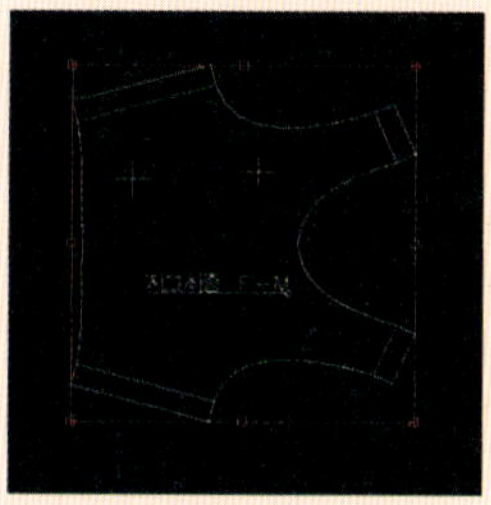

↓ F11 클릭

↓ Expansion 180 입력

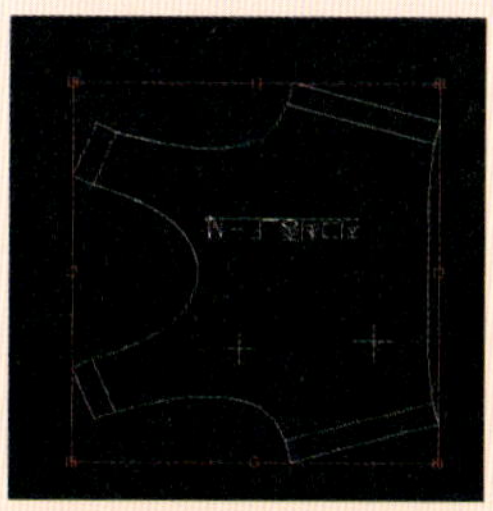

그림 **3-59** Angle 파트 180˚로 회전 결과물

– Copy&Paste/Mirroring

드로잉이나 펀칭 데이터를 복사/붙여넣기 하거나 특정 방향의 축을 기준으로 반전시키는 메뉴이다.

■ Cope&Paste/Mirroring 순서

① 수정할 object 선택

② Copy&Paste나 Mirroring을 선택하여 진행

– Mirroring : 수평선(horizontal, [F6])이나 수직선(vertical, [F7]), 혹은 작업자가 결정한 방향의 자유축 (free axis, [F8])을 기준으로 반전하는 기능

– Mirroring + Copy : object를 반전하는 동시에 복사하는 기능([F9])

실습 Object 복사/붙여넣기 하기

• Copy&Paste 메뉴를 활용하여 특정 object를 복사하여 붙여넣기

– 순서 : [F3] (block selection) 활성 → Rectangle → 드래그(object 선택) → (object 선택 확정) → 복사([CTRL] + [C]) → 붙여넣기([CTRL] + [V])→ [ENTER] 클릭 → 드래그로 원하는 위치로 이동 → [ENTER] 클릭

– 결과물

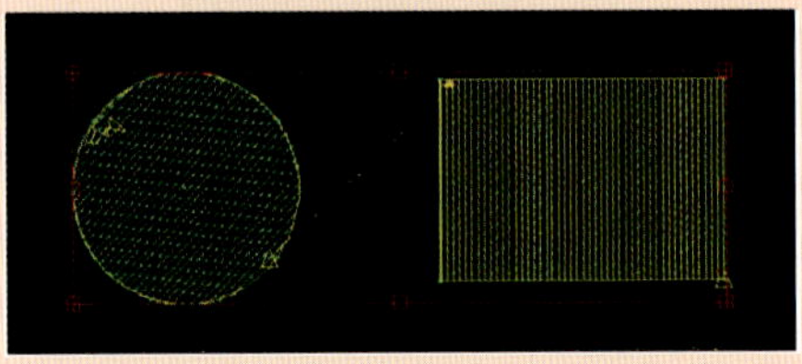

↓ [CTRL] + [C]와 [CTRL] + [V] 클릭

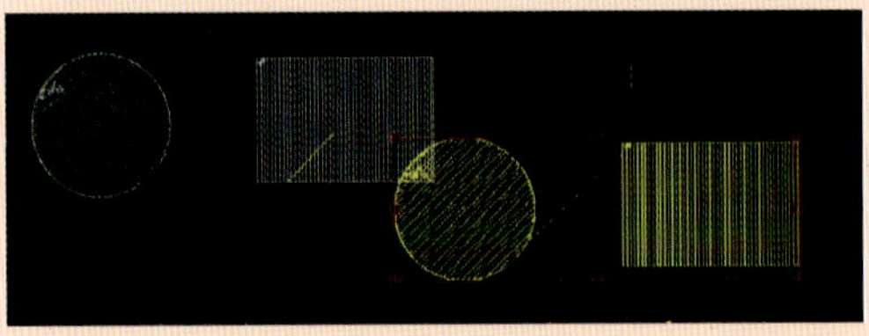

↓ Object 이동

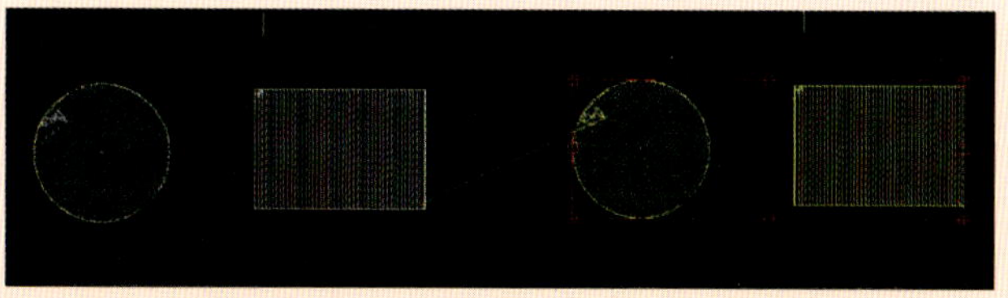

그림 3-60 펀칭 데이터 복사 및 붙여넣기 결과물

(3) 자수하기

완성된 디자인은 자수를 위하여 테크니컬 자수기의 T8 컨트롤 유닛에 옮겨 자수한다. T8 컨트롤 유닛은 테크니컬 자수기의 작업 설정, 유지 및 보수 등의 작업을 할 수 있다. T8 컨트롤 유닛의 setting 메뉴는 아래와 같으며, 이 책에서는 유지/보수 외의 자수에 필요한 기능과 과정을 중점적으로 소개하였다.

■ T8 컨트롤 유닛

- 메인화면 : 자수할 디자인 표기 및 자수 진행 정보 확인 가능
- setting 메뉴 #1 : 메인화면 좌측에 위치하며, 하드웨어와 장비 설정 등의 유지/보수에 해당하는 메뉴
- setting 메뉴 #2와 #3 : 메인화면의 우측과 하단에 위치하며, 바늘 변경, 자수 속도 조절 등 자수 동작에 해당하는 메뉴

① setting 메뉴 #2

- R1 : USB를 통해 저장된 데이터를 불러오기
- R2 : 선택된 자수 디자인의 변수를 확인
- R3 : 현재 스티치 위치를 변경
- R4 : 현재 사용할 바늘 변경
- R5 : 자수 디자인 바늘을 기계 바늘에 할당
- R6 : 자수 속도를 조절
- R7 : 자수기 OFF

② setting 메뉴 #3

- 1 : 윗실과 밑실 자르기

(계속)

- 2 : 밑실 자르기
- 3 : 자수 영역 확인
- 4 : 사용자 확인
- 5 : 판토 그래프 구성
- 6 : 자수기 프레임의 현재 위치 저장
- 7 : 자수기 프레임을 가장 최근에 저장된 위치로 이동
- 8 : 헤드 변경
- 9 : 스티치 변경
- 0 : 더 보기

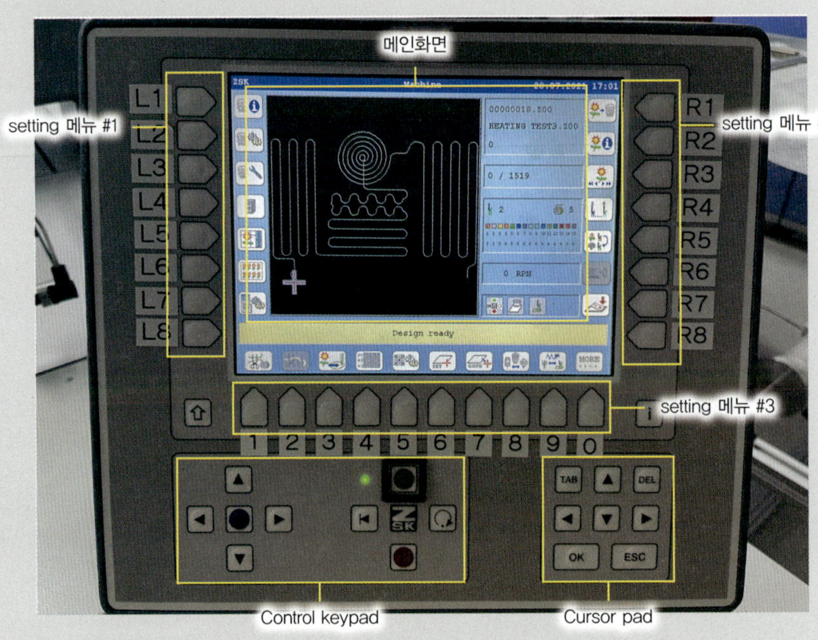

그림 3-61 T8 컨트롤 유닛의 버튼 종류

T8 컨트롤 유닛의 세부 작동 내용은 자수 디자인에 따라 상이하므로, 실습 사례(4장)에서 보다 상세히 다룰 예정이다.

04

테크니컬 자수기를 활용한 전자섬유 제품의 제작 실습

4.1 발광 와펜 제작(F-head, Lock stitch)
4.2 발광 파우치 제작(F-head, Lock stitch)
4.3 심박 확인용 발광 브라탑 제작(F-head, Lock stitch)
4.4 발열 방석 제작(W-head, TFP)
4.5 터치 장갑 제작(K-head, Moss stitch)

4.1 발광 와펜 제작(F-head, Lock stitch)

소개

전도사와 LED 시퀸을 활용하여 LED가 발광하는 와펜을 제작한다. LED와 함께 자수하며 제작된 와펜은 이면에 벨크로를 부착하여 탈부착이 용이하도록 설계하였다. 디자이너의 의도에 따라 전도사 외 자수사의 색상은 다양하게 선택 가능하며, LED 시퀸의 위치도 다르게 배치할 수 있다.

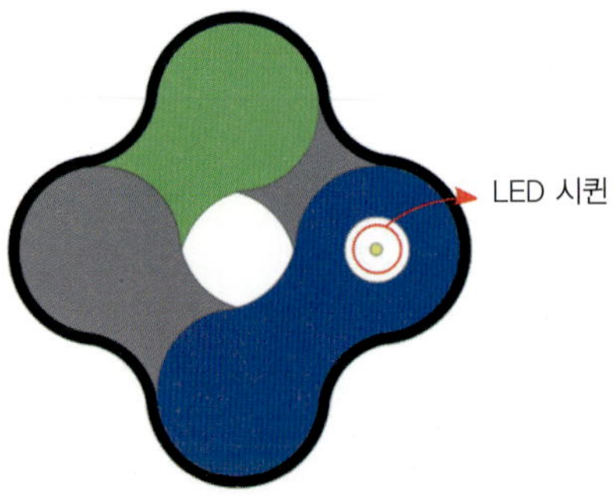

그림 4-1 발광 와펜 디자인

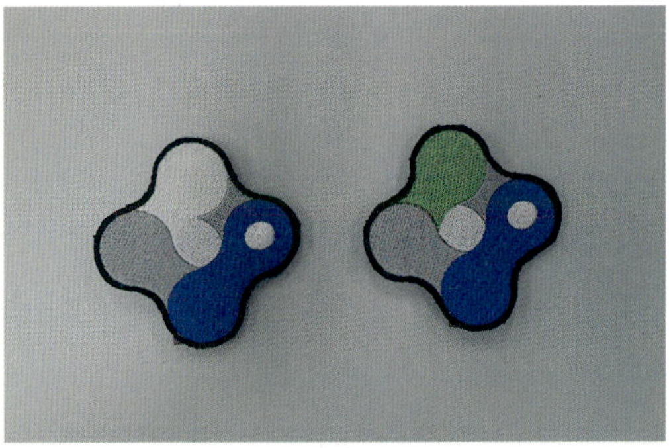

그림 4-2 발광 와펜 실제 이미지

재료

발광 와펜 제작을 위하여 전도성 구현을 위한 전도사와 LED 시퀸, 1.5 V 2구 건전지 소켓 및 AA 건전지를 필요로 하며, 탈부착을 위한 전도성 벨크로 등을 준비한다.

기재가 되는 바닥직물은 주의하여 선택하여야 한다. 신축성이 적고 밀도가 커 치밀한 직물은 자수 시 수축이나 변형이 적으므로 보다 촘촘하게 자수할 수 있다. 이 책에서는 능직의 면직물을 대상으로 하였다.

■ 발광 와펜 재료 및 사양

• 바닥직물

제품명	대폭 10수 트윌 광목천 생지
소재	Cotton 100%
섬유굵기(번수)	10수
원단폭	64 inch

• 전도사

제조사	Amann
제품명	Silver-tech 120
섬유조성	Nylon 100% + Silver coating
저항	530 Ohm/m
굵기	120 tex

• 전도성 벨크로

제조사	Adafruit
제품명	ada-1324
조성	은코팅
저항	Hook – 1.8 Ohm/sqm
	Loop – 1.4 Ohm/sqm
예상 수명	5000회 탈부착

프로그래밍(디자인 제작)

– 드로잉

① 일러스트레이터(ai) 파일 불러오기

자수 디자인을 설계함에 있어 EPC_win software를 이용하여 직접 자수의 밑그림을 드로잉할 수 있지만, 간단히 다른 프로그램의 벡터 데이터를 EPC_software로 불러와서 사용할 수도 있다. 예를 들어 대표적인 디자인 프로그램인 일러스트레이터(Adobe Illustrator)로 제작한 디자인을 ai 확장자로 저장한 후 EPC_win에 벡터 데이터로 불러올 수 있어 쉽게 작업이 가능하다.

이 책에서 제작하고자 하는 발광 와펜은 일러스트레이터 프로그램을 활용하여 기본적인 디자인의 ai 파일을 만들었으며, 이후 EPC_win 프로그램으로 자수를 위한 드로잉 작업을 진행하였다. 이때 EPC_win과 ai 파일의 호환을 위하여 일러스트레이터에서 파일을 저장할 때 버전 8 이하로 설정해야 한다. 또한 로고를 구성하는 요소 중 자수를 위한 도형들은 절단된 부분 없이 반드시 이어져 있어야 한다.

실습 일러스트레이터(ai) 파일 불러오기

- Input/Output → General path → Vector data → 와펜 디자인 파일(ai) 선택 → read → 파일 열기
  Copy&Paste 메뉴를 활용하여 특정 object를 복사하여 붙여넣기

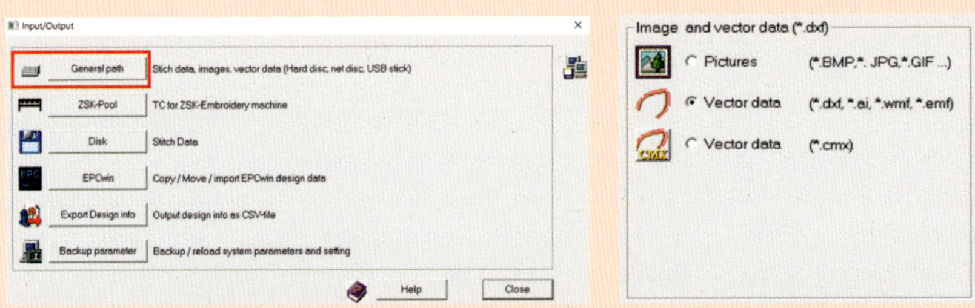

그림 4-3 파일 불러오기 창 Input/Output(좌)과 이미지 혹은 벡터 데이터 불러오기 창(우)

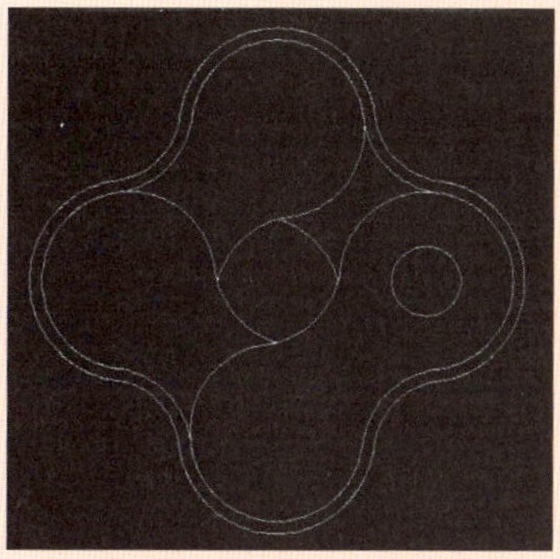

그림 4-4 와펜 ai 파일 이미지

② LED 시퀸과 연결선 그리기

LED 시퀸의 밑그림을 불러와 와펜 디자인 좌측의 원형 안에 배치하였다. 또한 해당 도형 안에 커넥션 패드의 역할을 할 도형 2개를 배치한다. 이때 커넥션 패드란 건전지와 같은 전원장치와 LED 시퀸을 안정적으로 연결하기 위해 전도사로 자수된 전도성 패드를 가리킨다. 이후 LED 시퀸 우측의 상단과 하단(양극)으로부터 커넥션 패드로 이어지는 선을 그린다. 이는 LED 시퀸과 전원장치를 연결해주므로 기존 회로의 전선에 해당한다. 이때 선은 LED 시퀸의 양극과는 약간의 간격을 두고 배치시켜야 한다.

실습 LED 시퀸과 연결선 그리기

- **저장된 드로잉 파일 불러오기**

  : F3 (Block selection) F3 → Load block → LED 시퀸 선택 →

- **도형 그리기** : F7 (Geometry) F7 → F11 (Parameters) →

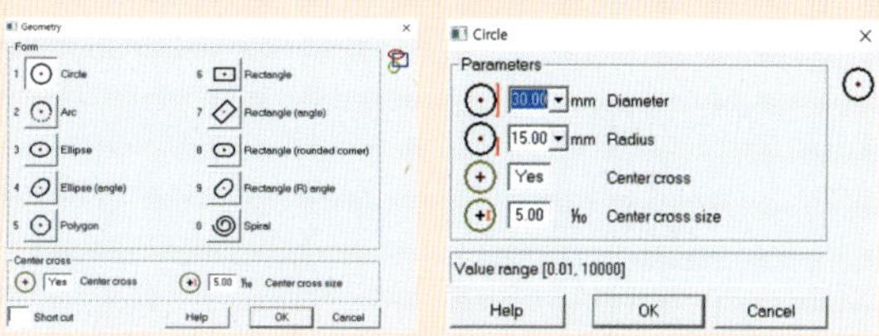

그림 4-5 F7 Geometry 창(좌)과 Circle Parameters 창(우)

(계속)

• **도형 위치 조정**

: F3(Block selection) → Block tool 선택 → 도형 선택 → 마우스로 이동 →

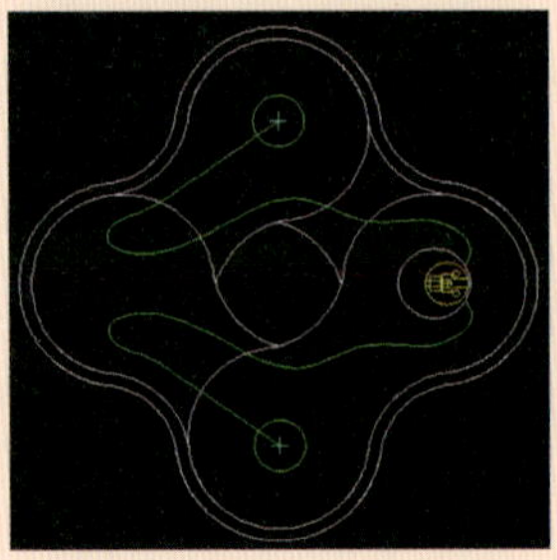

그림 4-6 LED 시퀸과 전도사 선을 포함한 와펜 디자인

– 펀칭

드로잉을 통해 제작한 와펜 밑그림을 바탕으로 자수를 생성한다.

① LED 시퀸 스티치 생성

특정 위치에 LED 시퀸을 배치한 후 자수로 고정시키는 작업을 진행한다.

스티치를 형성하기 위해서 제일 먼저 자수를 진행할 바늘을 선택한다. 이때 LED가 장착된 시퀸롤은 자수기 F-head의 1번 바늘과 연동되어 있으므로, 고정 작업을 진행할 때에는 1번 바늘을 사용해야 한다. 또한 자수 동작을 시작할 때 실이 풀리는 것을 방지하기 위하여 수동 펀칭 모드를 설정함으로써 일종의 매듭을 짓는다. 단, 수동 펀칭은 표면에 드러났을 때 외관상 좋지 않은 느낌을 줄 수 있으므로 LED 시퀸에 의해 가려지도록 시퀸 디자인 위에 스티치를 삽입한다.

다음으로는 직물 위에 LED 시퀸을 공급하는 시퀸롤의 동작을 설정한다. 이는 Special functions의 50번에 해당하며, 세부 명령어는 Sequin right(50)이다. 이 명령어를 입력하면 테크니컬 자수기의 오른편에 설치된 시퀸롤이 작동하면서 LED 시퀸을 공급하게 된다.

마지막으로 수동 펀칭 모드를 활용하여 LED 시퀸의 사방 중 발광부 방향을 제외한 나머지 세 방향에 약 2회씩 스티치를 입력한다. 이는 LED 시퀸을 직물에 고정하기 위한 실제 스티치 동작이다. 이후 시퀸의 외부로 직선과 지그재그 스티치를 조합하여 마무리한다. LED 시퀸의 고정 동작에서는 Special functions의 Sequin device를 off 상태로 설정해야 장치 간 출동을 막을 수 있다.

LED 시퀸을 고정하기 위한 일련의 과정을 F3, Load block에 저장하면 필요에 따라 간편하게 사용할 수 있다.

실습 LED 시퀸 스티치 생성

• 바늘 선택

: F12(Special functions) F12 → 1번 바늘 → 수동 펀칭

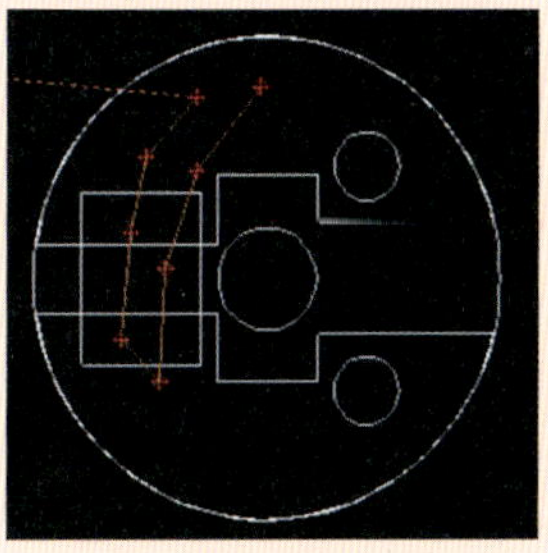

그림 4-7 LED 시퀸 도안과 수동으로 제작한 스티치

• 시퀸롤 동작

: F12(Special functions) F12 → Sequin right → 더블클릭

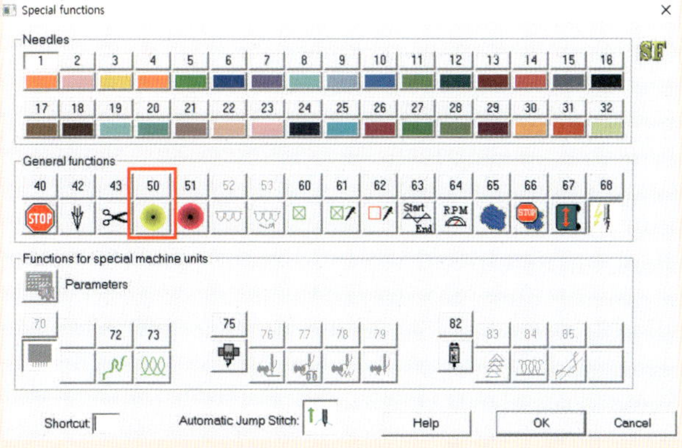

그림 4-8 Special functions에서 "Sequin right on" 명령

(계속)

• LED 시퀸 고정하기

: 수동 펀칭으로 LED 시퀸의 사방 중 발광부가 있는 방향을 제외하고 약 2회씩 왕복한 뒤 시퀸 밖에서 직선과 지그재그를 조합하여 Special functions에서 50번의 "Sequin device off" 눌러 마무리

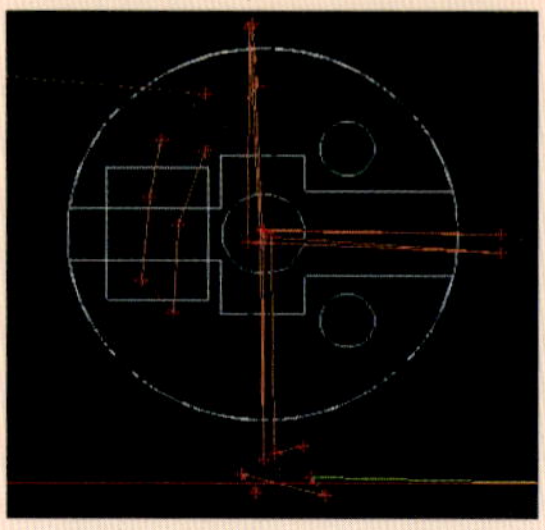

그림 4-9 LED 시퀸 고정 스티치 생성

② LED 시퀸과 연결선 스티치 생성

LED 시퀸의 양극을 PCB와 잇는 연결선 스티치를 생성한다. 이때 연결선의 길이와 사용하는 전도사의 저항을 고려하여 run 횟수를 지정해야 한다. 또한 양극의 연결선 간의 간격을 고려하여 swing을 입력한다.

LED 시퀸의 양극을 커넥션 패드와 연결하기 위한 스티치를 생성한다.

먼저 수동 펀칭으로 지그재그와 직선을 조합하여 실을 직물에 단단히 고정시킨 뒤, Prog 20(comport line)을 활용하여 자수 스티치를 만든다. 이때 안정적으로 전도성을 구현하기 위해서는 전도사 선 자수를 동일한 경로로 2회 이상 반복하여 자수하는 것이 좋다. 이를 위하여 Parameter set(F8)에서 run 횟수를 입력하여 선을 왕복하는 자수를 진행한다. 단, 실제 자수 동작에서는 설정한 End point가 입력한 run의 수와 맞지 않으면 End point를 맞추기 위하여 자동으로 run이 추가될 수 있다. 이후 Prog 14(comport fill plus)를 사용하여 커넥션 패드의 도형을 자수로 채운다. 스티치를 설정할 때에는 Parameter set(F8)에서 변수를 입력하여 스티치의 길이나 간격 등을 조절할 수 있다. 선 자수는 run의 횟수 및 swing의 높이 등을 변수로 조절할 수 있으며, 도형 채우기 자수는 스티치 간 거리 등을 변수로 하여 스티치 밀도를 조절한다. 이러한 스티치의 조건들은 최종 제품의 디자인과 전도성에 영향을 줄 수 있으므로 신중하게 고려해야 한다.

실습 LED 시퀀과 연결선 스티치 생성

• 선 스티치 생성

: F11(Program selection) → Prog 20(comport line) → 수동 편집 → → → + (선 선택) → → → F8(Parameter set) → 변수 설정 → → F12(Special functions) → 43(Trimming) →

: F8(Parameter set)에서 입력한 run 횟수만큼 선을 왕복하는 자수 진행

: Swing과 직선을 조합하여 선 스티치를 만들 때, 마지막 run은 swing 값을 0으로 디자인하면 각 레이어의 접촉이 안정적이므로 권장됨(이때 입력된 swing 값은 1/10 mm 단위임(예 : 3을 입력한 경우 0.3 mm))

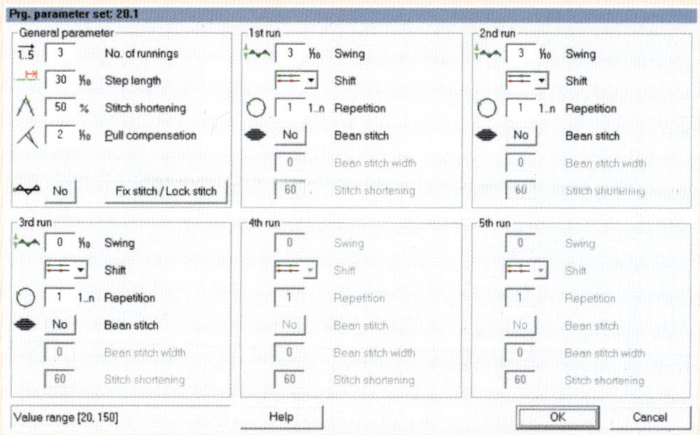

그림 **4-10** Prog 20의 Parameter set 창

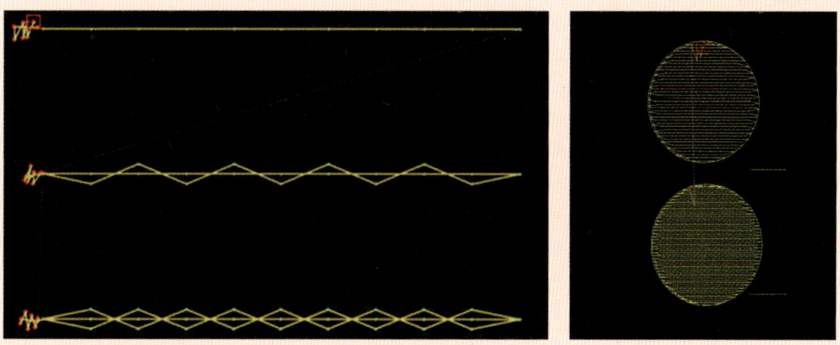

그림 **4-11** 변수 변화에 따른 자수 모양 변화: Comport line(좌)과 Comport fill plus(우)

(계속)

• **소자와 선 연결**

: F6(Main editor) → LED 시퀸 근처 스티치 선택( ) → INSERT → 수동 편칭 →

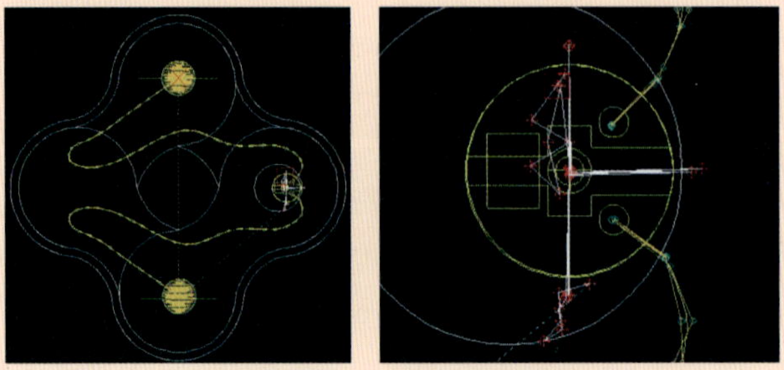

그림 4-12 LED 시퀸과 연결된 전도사 선 자수 생성 이미지(좌)와 LED 시퀸–전도사 연결 상세 이미지(우)

③ 엠블럼 스티치 생성

마지막으로 자동 자수 프로그램을 이용하여 엠블럼의 내부와 외곽선의 스티치를 생성하여 마무리한다. 앞서 진행한 자수 작업은 전도사를 삽입한 1번 바늘로 진행하였으므로, 엠블럼의 내부와 외곽선의 스티치를 진행할 때에는 비전도성 자수사를 삽입한 다른 바늘로 작업을 진행해야 한다. 또한 디자인에 따라 다양한 색상을 사용하므로, Special functions에서 색상에 따라 바늘을 변경한다. 바늘 변경은 실을 트리밍하는 과정을 포함하므로 바늘 교체 이후에는 직물에 실을 안정적으로 고정하기 위해 수동 편칭 작업이 필요함을 유념한다.

와펜 제작에 사용되는 LED 시퀸의 발광부는 자수사에 의해 완전히 커버링되어 노출되는 부분이 없으며, 스티치 방향을 다르게 하여 3회 자수(No. of underlays = 2)된다. 이때 LED 시퀸 위를 지나는 Needle point를 모두 제거하여 바늘에 의한 LED 시퀸의 손상을 예방해야 한다. 이때 Needle point란 자수 오퍼레이션 중 바늘이 직물을 뚫고 들어가 로크 스티치를 형성하는 자리를 가리킨다.

마지막으로 Prog 15(structured filling)를 이용하여 엠블럼의 외곽을 스티치한다.

실습 엠블럼 스티치 생성

• 엠블럼 내부 채우기

: F11 (Program selection) F11 PRG → Prog 14 (comport fill plus) → CTRL + (도형 선택) → → F2 (Hole, 구멍이 없는 도형 스티치의 경우 생략) → → Stitch direction → → End point

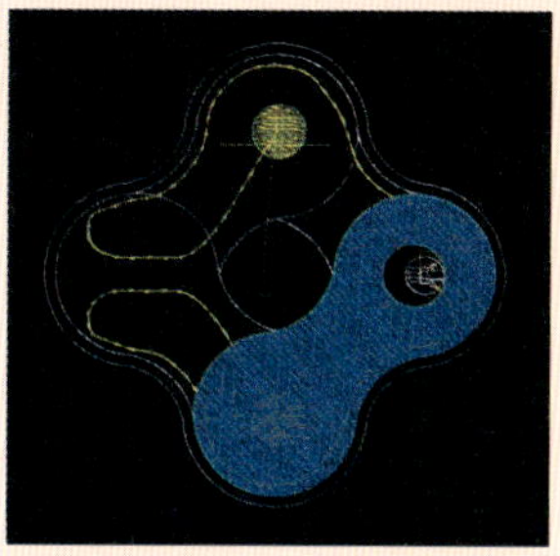

그림 4-13 엠블럼 일부분(파랑) 자수

• 바늘 교체 동작

: F12(Special functions) → 실 색상 선택 → OK

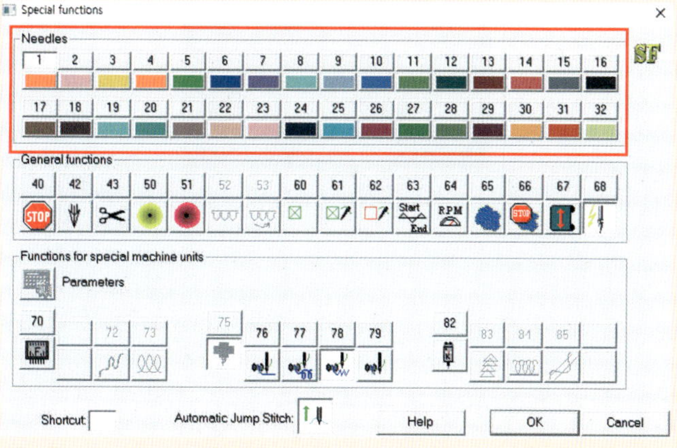

그림 4-14 Special functions에서 바늘 교체 명령

• LED 시퀀 커버링 스티치 편집

: F6 (Main editor) → 커버링 도형 선택(CTRL +) → ESC → Needle point 선택(방향키) → DEL

(계속)

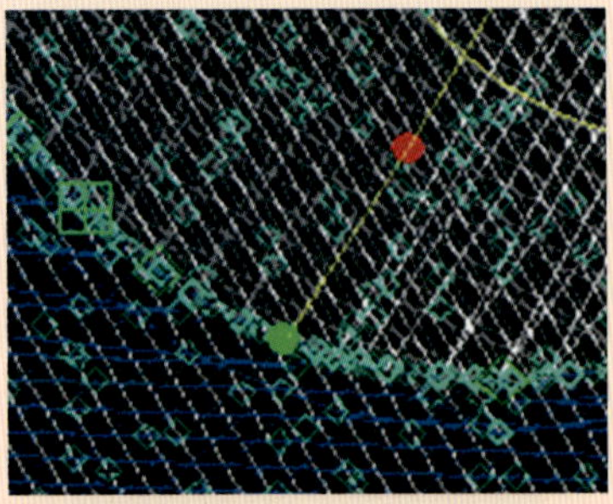

그림 **4-15** F6(Main editor)에서 선택된 Needle point(빨간 점)

• 엠블럼 외곽 스티치 생성

: F11 (Program selection) → F15 (Structured filling) → CTRL + (외곽선(바깥쪽) 선택) → → F2 (Hole) → CTRL + (외곽선(안쪽) 선택) → Contour cut → → Stitch direction → → End point

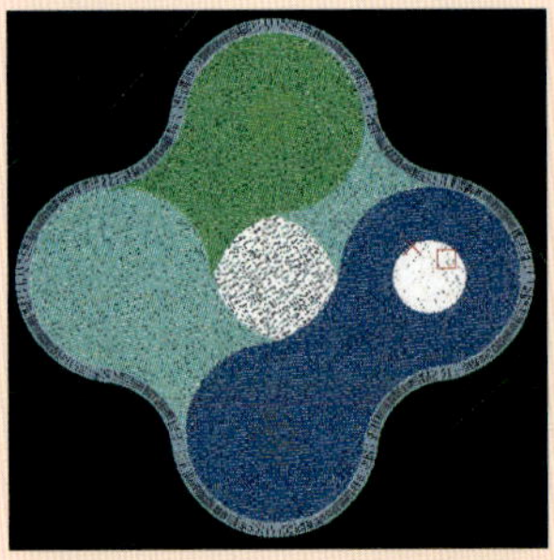

그림 **4-16** 엠블럼 스티치 생성 완료

자수하기

① 직물 준비하기

와펜을 제작할 때에는 일반적으로 매우 높은 밀도로 자수해야 한다. 따라서 스티치가 촘촘하면 바닥직물의 밀림이나 수축이 일어날 수 있으므로 작업성을 고려하여 직물을 선택하는 것이 좋다. 미끄럼이나 수축이 일어나는 신축성 직물이나 편성물, 혹은 파열이 일어나기 쉬운 얇은 심지와 같은 부직포를 단독으로 사용하는 것은 삼가도록 한다.

자수가 완성되면 자수되지 않은 직물 부위를 제거하여 와펜을 완성시킨다. 따라서 외곽선을 이루는 자수사와 바닥직물의 색상 차이가 클 경우, 잘려나간 직물에 의해 가장자리가 다소 지저분해 보일 수 있으므로 외곽선의 자수사와 바닥직물의 색상을 유사하게 선택하는 것이 좋다.

실습 직물 준비

- **직물을 테크니컬 자수기 프레임에 설치**

: 테크니컬 자수기 프레임에 직물을 구김이나 여유가 없도록 펼치고, 손으로 밀리지 않을 정도로 팽팽하고 단단하게 고정시킨다.

그림 4-17 자수기 프레임에 지그로 직물 고정

② 디자인 불러오기

EPC_win으로 제작한 프로그램 파일을 자수기의 T8 컨트롤 유닛으로 불러온다. 플래시 디스크로 저장된 자수 파일은 자수기의 **R1** - **4** 의 경로로 들어가면 확인과 불러오기가 가능하다. 또한 불러온 자수 파일은 T8 내에 저장되므로, 이후에는 **2** 에서 파일을 확인한다.

T8 컨트롤 유닛은 자수 파일을 불러오기 전 디자인에 사용되는 바늘, 헤드, 혹은 Special functions의 종류 등 파일에 삽입된 다양한 자수 디자인의 정보를 제시해주므로, 실제 자수 환경에 적합한지 여부를 미리 확인할 수 있다.

실습 디자인 불러오기

• 테크니컬 자수기로 디자인 파일 불러오기

: **R1** → **2** 혹은 **4** → 와펜 디자인 선택 → OK → **L6** → 디자인 정보 확인 → OK

그림 **4-18** T8 초기화면(좌)과 자수 불러오기 버튼(2 혹은 4)(우)

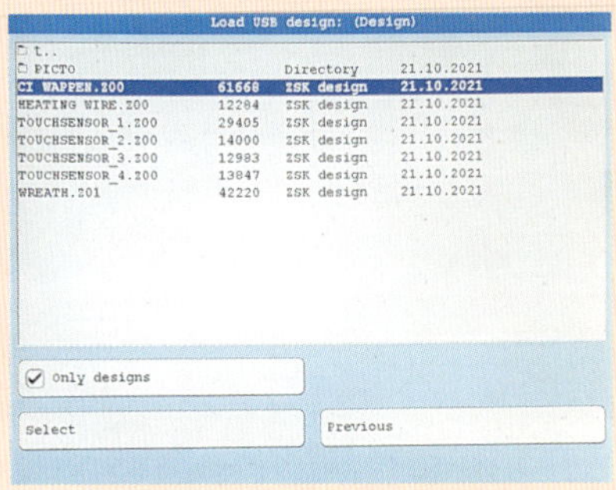

그림 **4-19** 자수 파일 선택화면

• 자수 파일의 기본 정보 확인

: 작동 버튼 하단의 ZSK 버튼을 눌러 방향키로 전환하고, 스크롤을 내려 자수 파일의 정보를 확인

: 발광 와펜 제작의 경우 F-head 설정, Sequin device, Trimming 등을 확인

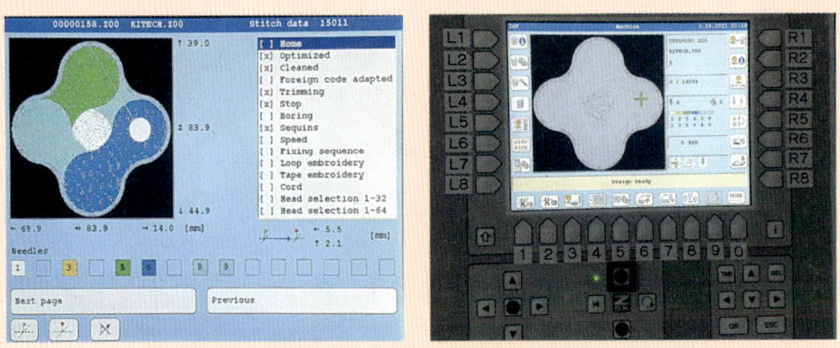

그림 **4-20** T8 디자인 정보 화면(좌)과 불러오기 완료된 화면(우)

③ 자수 위치 확인

전체적으로 자수할 디자인의 크기나 위치를 고려하지 않고 자수를 시작하면 직물을 고정하는 프레임에 바늘이 부딪히면서 파손되거나 헤드가 손상되는 등의 문제가 발생할 수 있다. 또한 프레임의 가동 범위를 미리 확인하지 않으면, 디자인의 일부를 작업하지 못하는 문제가 발생하기도 한다. 따라서 자수를 시작하기 전 자수될 위치를 테크니컬 자수기에서 반드시 확인해야 한다.

자수될 위치는 T8 컨트롤 유닛에서 대략적으로 확인이 가능하다. 또한 자수 위치 화면에서 R2 버튼을 누르면 디자인의 가장자리를 따라 바늘을 움직일 수 있어 더 정확한 위치 확인이 가능하다.

실습 자수 위치 확인

- **테크니컬 자수기에서의 실제 진행될 자수의 위치 확인**

: 3 → 9 → 작동 버튼

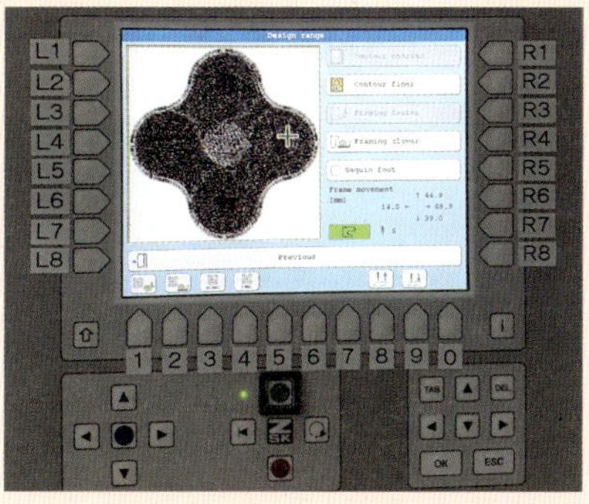

그림 4-21 자수 위치 확인 화면

④ 자수

마지막으로 자수 동작을 위하여 T8 컨트롤 유닛을 통해 자수기의 바늘과 자수 디자인에 입력된 바늘의 번호를 맞춘다. 이때 설정한 바늘 번호에 따라 디자인에 적합한 색상 혹은 기능을 가진 자수사를 바늘에 삽입해야 한다. 만약 디자인으로 입력된 바늘과 실이 자수기에 설치된 바늘 및 실과 일치하지 않는다면 5 모드에서 바늘 번호를 수정한다. 자수사의 종류, 바늘의 번호 및 위치가 최종 확인되면 작동 버튼을 눌러 자수 작업을 시작한다.

실습 자수 위치 확인 화면

• 디자인에 따라 바늘 설정 및 자수 동작 실행

: 5 → 바늘 설정 → 작동 버튼

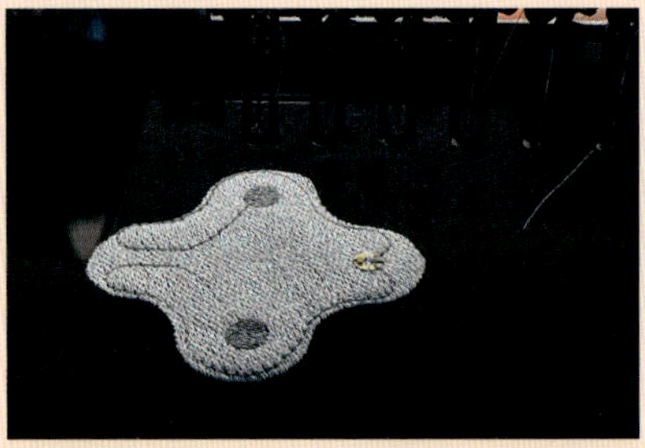

그림 4-22 LED 시퀸 및 전도사 선 자수

발광 와펜 완성

자수 작업이 마무리된 와펜은 커넥션 패드 부분과 건전지 소켓, 혹은 PCB를 연결하기 위하여 전도사로 손바느질하여 완성한다. 이때 전도성 벨크로로 전도사를 고정시키면 와펜을 탈부착할 수 있으므로 간편하면서도 유용하다.

실습 발광 와펜 완성

• 와펜과 부품소재 연결

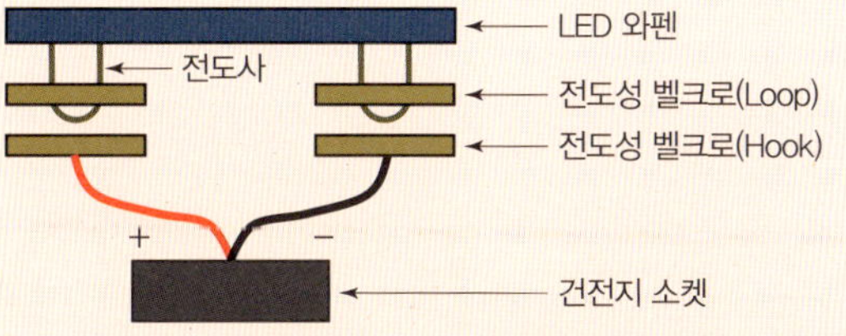

그림 4-23 발광 와펜의 구조

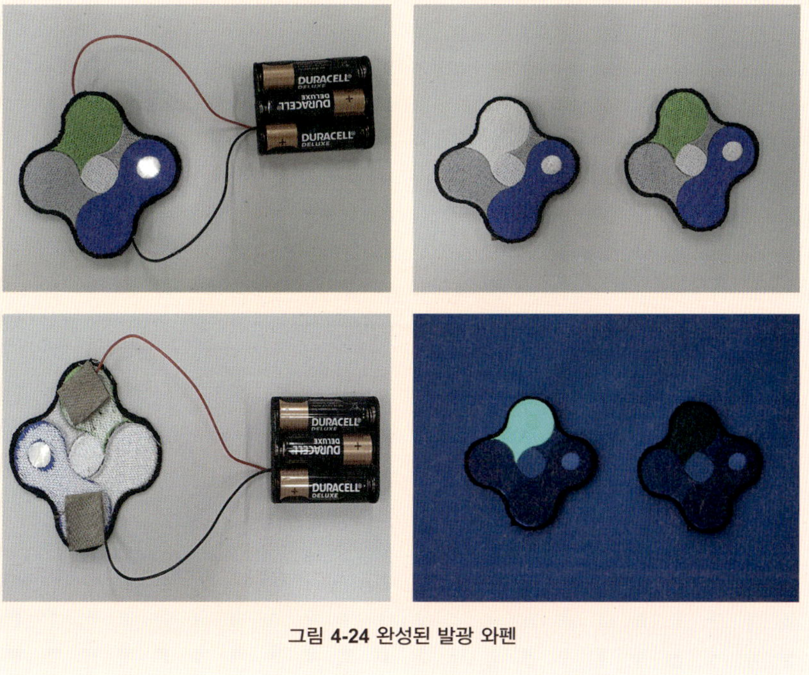

그림 4-24 완성된 발광 와펜

4.2 발광 파우치 제작(F-head, Lock stitch)

소개

LED 시퀸과 PCB를 이용하여 리스가 자수된 발광 파우치를 제작한다. 면직물에 LED 시퀸을 고정한 후 전도사를 이용하여 도선을 자수하고, 이후 장식성을 부여하기 위해 월계수 가지와 꽃을 자수한다. 이때 꽃의 중심에 LED 시퀸이 위치하며 LED 시퀸의 발광부만 노출되도록 이를 덮는 자수를 수행한다.

그림 4-25 발광 파우치 디자인

그림 4-26 발광 파우치 실제 이미지

재료

발광 파우치의 제작을 위해 도선 자수를 위한 전도사와 LED 시퀸, PCB 그리고 자수를 할 트윌조직 면직물을 준비한다. 이때 사용된 면직물은 신축성이 적어 촘촘한 자수에도 직물이 울거나 변형이 일어나는 것을 예방할 수 있다.

■ **발광 파우치 재료 및 사양**

• 바닥직물

제품명	대폭 10수 트윌 광목천 생지
소재	면 100%
원단폭	64 inch
번수	10수

• 전도사

제조사	Madeira
제품명	HC-40
섬유조성	은코팅 자수사
저항	530 Ohm/m
굵기	120 tex

프로그래밍(디자인 제작)

– 드로잉

① 일러스트레이터(ai) 파일 불러오기

간단한 디자인이 저장된 ai 파일을 EPC_win으로 불러와 EPC_win의 기본적인 드로잉 툴을 사용하여 디자인을 편집함으로써 자수 밑그림을 제작할 수 있다. 발광 파우치의 경우에는 월계수 가지와 꽃의 ai 파일을 불러와 EPC_win 내 디자인 툴을 사용하여 자수 밑그림을 제작하였다. PCB는 자수가 완료된 후 손바느질로 LED 시퀸과 연결되는데, PCB의 자리와 연결할 극의 위치를 미리 알아야 하므로 자수 밑그림 제작 시 PCB 디자인도 함께 불러온다.

실습 일러스트레이터(ai) 파일 불러오기

• Input/Output → General path → Vector data → 디자인 파일(ai) 선택 → read → 파일 열기

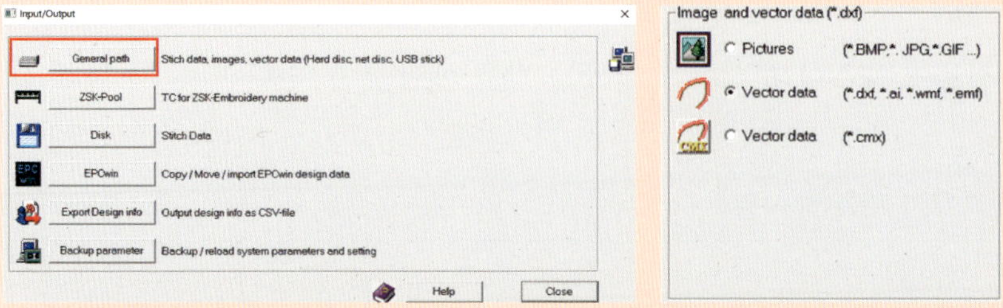

그림 4-27 파일 불러오기 창 Input/Output(좌)과 이미지 혹은 벡터 데이터 불러오기 창(우)

그림 4-28 불러온 ai 파일

② 리스 디자인 제작

EPC_win으로 불러온 디자인 중 월계수 가지를 둥글게 배치하여 리스 형태를 띠도록 했다. 꽃모양 파일은 LED 시퀸을 커버하기 위해 사용되었으며, 이때 꽃의 중심부분에 LED 시퀸이 삽입된다. 따라서 꽃의 중심에 F7(Geometry)로 LED 시퀸보다 큰 지름의 원을 그려넣었고, 꽃과 원을 편집하여 LED 시퀸을 커버링하는 디자인을 완성하였다.

원의 지름은 LED 시퀸의 지름인 7 mm보다 큰 9 mm로 설정하여 꽃 가운데 배치한다. 이후 편집 모드에서 꽃잎과 원이 겹치는 부분을 선택하고 F7로 선을 절단한다. 이후 불필요한 원 안쪽의 선들을 삭제하고, 절단된 선들은 F8을 이용하여 이어준다. 최종적인 꽃의 형태는 각각의 꽃잎이 하나의 선으로 이루어져 있으며, 꽃잎 가운데

9 mm의 지름을 갖는 원이 배치된 모양이다. 이 디자인을 Load block 에 저장하면 필요에 따라 불러와 사용할 수 있다.

이후 EPC_win에 PCB의 ai 파일을 불러온다. 원형의 PCB를 감싸도록 월계수 가지를 배치하고, F3(Load block)을 통해 저장된 꽃과 LED 시퀸의 드로잉을 배치하여 월계관 주변을 장식한다.

LED 시퀸의 양극과 PCB를 잇는 선을 그린다. 이때 LED 시퀸은 각각 2개씩 병렬로 연결된다. 이때 양극을 구별하기 위하여 Drawing color(F12)를 이용하여 선의 색을 구분한다. LED 시퀸을 병렬로 연결하기 위해 +극은 +극끼리, -극은 -극끼리 연결하며 각 극과 이어지는 연장선을 PCB의 연결 부위까지 그린다. 양극의 전도사 연결선이 너무 가까울 경우 자수한 바탕직물의 뒷면에서 양극의 전도사가 접촉되어 단락이 발생할 수 있으므로, 이를 유념하여 연결선을 그린다.

실습 리스 디자인 제작

•도형 그리기

: F7(Geometry) F7 → Circle → F11(Parameters) →

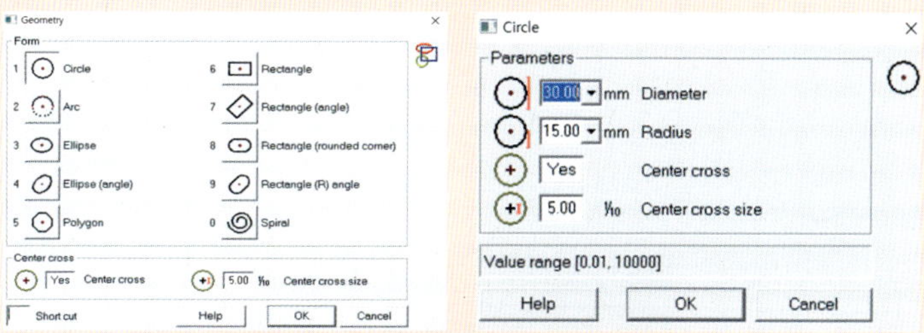

그림 4-29 F7(Geometry) 창(좌)과 Circle parameters 창(우)

•도형 위치 조정

: F3(Block selection) F3 → Block tool 선택 → 도형 선택 → 마우스로 이동 →

(계속)

그림 4-30 꽃과 중첩된 원형(좌)과 편집된 꽃 모양(우)

•저장된 드로잉 파일 불러오기

: F6(Main editor) → → F7 → → F8

•드로잉 색 변경

: F12(Special functions) F3 → 드로잉 색 선택

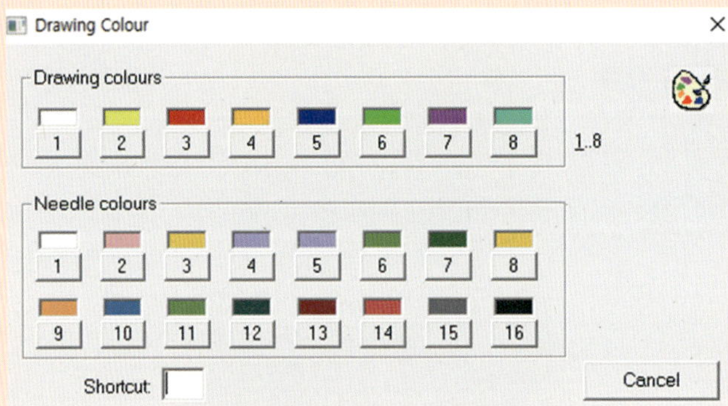

그림 4-31 드로잉 선의 색 변경 창

그림 4-32 LED 시퀸과 전도사 선을 포함한 리스 디자인

– 펀칭

드로잉을 통해 제작한 리스의 밑그림을 바탕으로 자수를 생성한다.

① LED 시퀸 스티치 생성

LED 시퀸 스티치 생성과정은 앞선 와펜 제작에서 설명한 것과 동일한 방법으로 수행한다. 마찬가지로 F3(Load block)을 통해 저장된 일련의 LED 시퀸 스티치를 불러와 사용할 수 있다.

실습 LED 시퀸 스티치 생성

• 바늘 선택

: F12(Special functions) F12 → 1번 바늘 → 수동 펀칭

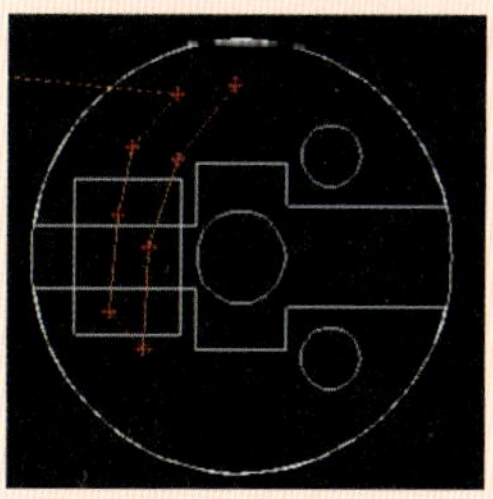

그림 4-33 LED 시퀸 도안과 수동으로 제작한 스티치

• 시퀸롤 동작

: F12(Special functions) F12 → Sequin right → 더블클릭

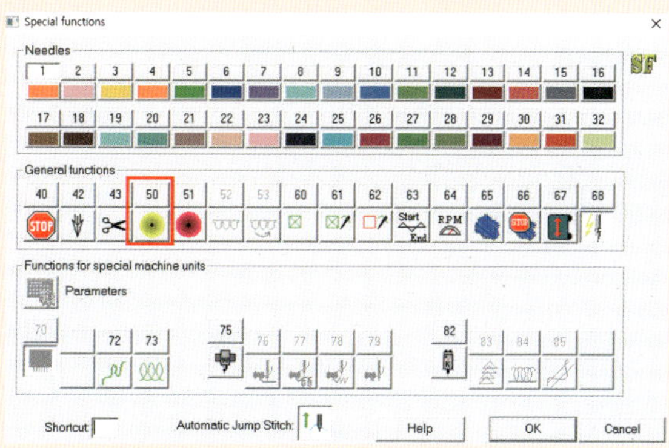

그림 4-34 Special functions에서 "Sequin right on" 명령

(계속)

• LED 시퀸 고정하기

: 수동 펀칭으로 LED 시퀸의 사방 중 발광부가 있는 방향을 제외하고 약 2회씩 왕복한 뒤 시퀸 밖에서 직선과 지그재그를 조합하여 마무리함(주의 : Special functions에서 Sequin device off 함)

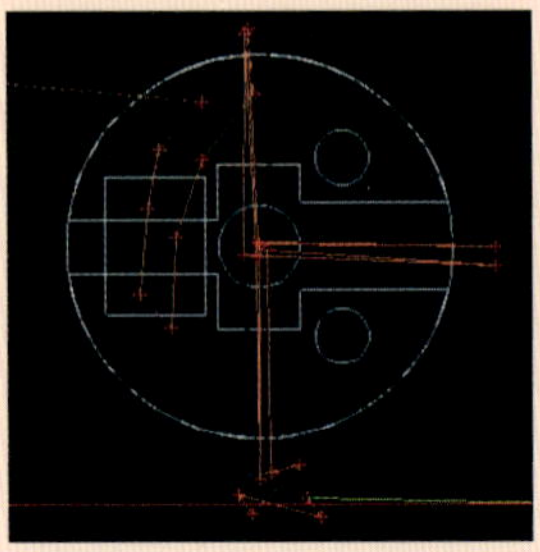

그림 **4-35** LED 시퀸 고정 스티치 생성

② LED 시퀸의 병렬 연결선 스티치 생성

LED 시퀸의 양극을 PCB와 잇는 연결선 스티치를 생성한다. 이때 연결선의 길이와 사용하는 전도사의 저항을 고려하여 run 횟수를 지정해야 한다. 또한 양극의 연결선 간의 간격을 고려하여 swing을 조절한다.

실습 LED 시퀸과 연결선 스티치 생성

• 선 스티치 생성

: F11 (Program selection) F11 PRG → Prog 20 (comport line) → 수동 고정 → → CTRL + (선 선택) → → BACKSPACE → F8 (Parameter set) → 변수 설정 → → F12 (Special functions) → 43 (Trimming) →

: F8(Parameter set)에서 입력한 run 횟수만큼 선을 왕복하는 자수 진행

: Swing과 직선을 조합하여 선 자수를 할 때, 마지막 run은 swing 값을 0으로 디자인하면 각 레이어의 접촉이 안정적이므로 권장됨(이때 입력된 swing 값은 1/10 mm 단위임(예 : 3을 입력한 경우 0.3 mm))

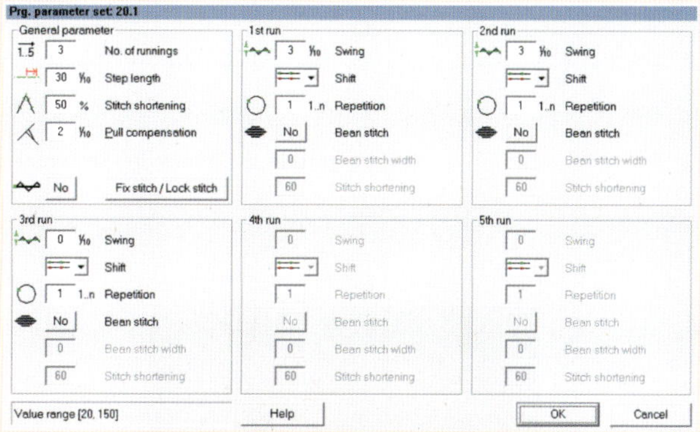

그림 4-36 Prog 20의 Parameter set 설정 창

• 소자와 선 연결

: F6(Main editor) → LED 시퀸 근처 스티치 선택 → → 수동 편칭( ) →

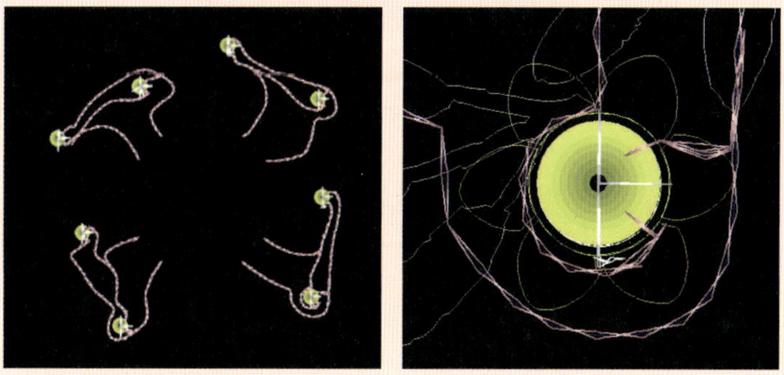

그림 4-37 LED 시퀸과 연결된 전도사 선 자수(좌)와 LED 시퀸–전도사 연결(우) F2 view function 이미지

③ 리스 스티치 생성

마지막으로 자동 자수 프로그램을 이용하여 월계관과 LED 시퀸 커버링을 위한 꽃 자수의 스티치를 생성한다. 리스 디자인 중 월계수 가지는 복잡한 모양에 의해 자수 방향이 여럿이며, 꽃잎은 방사형으로 방향을 설정할 시 심미적 효과를 기대할 수 있다. 따라서 리스 스티치는 도형에 구역을 나누어 스티치 방향을 설정할 수 있는 Prog 15(structured filling)를 사용한다. 앞선 와펜 제작에서 서술한 대로 F12(Special functions)를 이용하여 실의 색을 바꾸어 디자인이 단조롭지 않도록 한다.

실습 리스 스티치 생성

• **월계수 가지 스티치 생성**

: F11 (Program selection) → Prog 15 (structured filling) → CTRL + (도형 선택) → → F8 (Cont. cut auto.) → F6 (Stitch dir. auto.) → → End point

그림 4-38 월계수 리스 스티치 생성

• **꽃잎 스티치 생성**

: F11 (Program selection) → Prog 15 (structured filling) → CTRL + (도형 선택) → → F6 (Stitch dir. man.) → → End point

: 꽃잎의 모양은 복잡하지 않으므로 contour cut을 생략함

: 수동으로 꽃잎의 결을 살려 stitch direction을 설정함

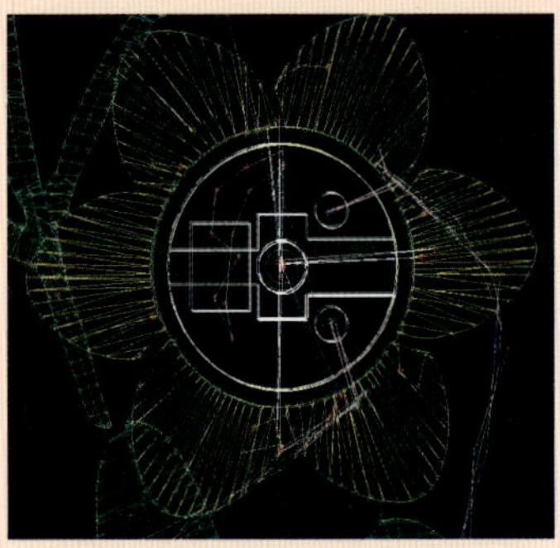

그림 4-39 꽃잎 스티치 생성

• LED 시퀸 커버링 스티치 생성

: F11 (Program selection) → Prog 14 (comport fill plus) → CTRL + (도형 선택) → → Stitch direction → → End point

: 원형 채우기는 동일한 도형에 두 번 반복해서 수행하며, 이때 각각의 Stitch direction이 수직이 되도록 함

• LED 시퀸 커버링 스티치 편집

: F6 (Main editor) → 커버링된 도형 선택(CTRL +) → ESC → Needle point 선택(방향키) → DEL

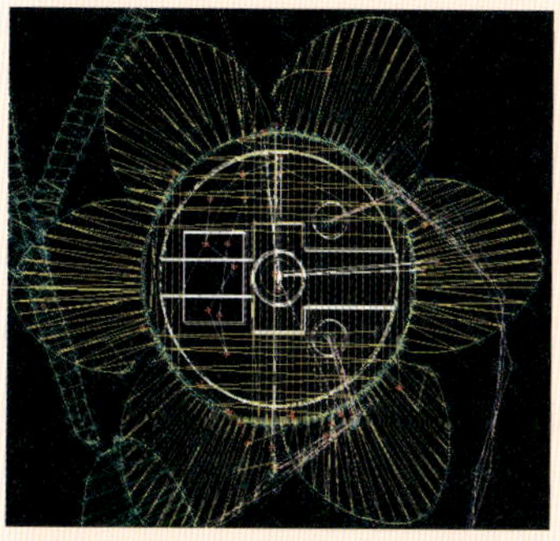

그림 4-40 커버링된 LED 시퀸

그림 4-41 완성된 리스 디자인

자수하기

① 직물 준비하기

바닥직물은 두께감이 있고 신축성이 없는 직물 소재를 선택한다. 이 책에서 설계한 리스 디자인은 밀도가 높은 스티치가 설정되어 있으므로 자수 시 밀림이나 수축이 일어나는 신축성 직물은 사용하지 않는 것이 좋다.

실습 직물 준비

• 직물을 테크니컬 자수기 프레임에 설치

: 테크니컬 자수기 프레임에 직물을 구김이나 여유가 없도록 펼치고, 손으로 밀리지 않을 정도로 팽팽하고 단단하게 고정시킨다.

그림 4-42 자수기 프레임에 지그로 직물 고정

② 디자인 불러오기

EPC_win으로 제작한 프로그램 파일을 자수기의 T8 컨트롤 유닛으로 불러온다.

실습 디자인 불러오기

• 테크니컬 자수기로 디자인 파일 불러오기

: **R1** → **2** 혹은 **4** → 파우치 디자인 선택 → OK → **L6** → 디자인 정보 확인 → OK

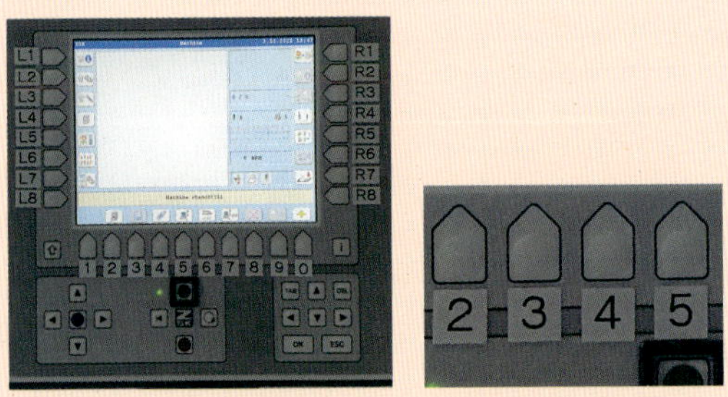

그림 4-43 T8 초기화면(좌)과 자수 불러오기 버튼(2 혹은 4)(우)

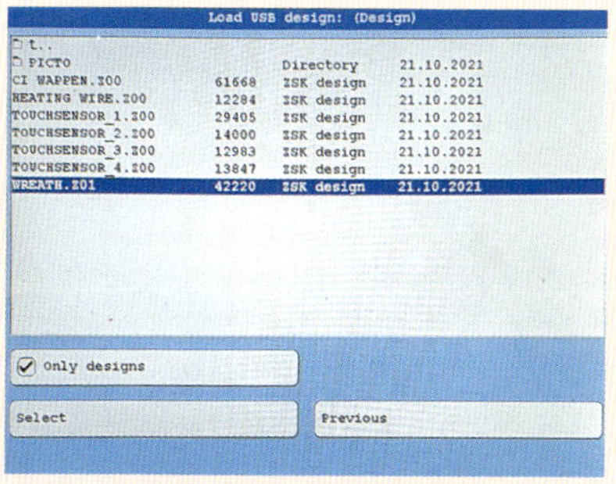

그림 **4-44** 디자인 불러오기 화면

- **자수 파일의 기본 정보 확인**

 : 작동 버튼 하단의 ZSK 버튼을 눌러 방향키로 전환하고, 스크롤을 내려 자수 파일의 정보를 확인

 : 발광 파우치의 경우 F-head 설정, Sequin device, Trimming 등을 확인

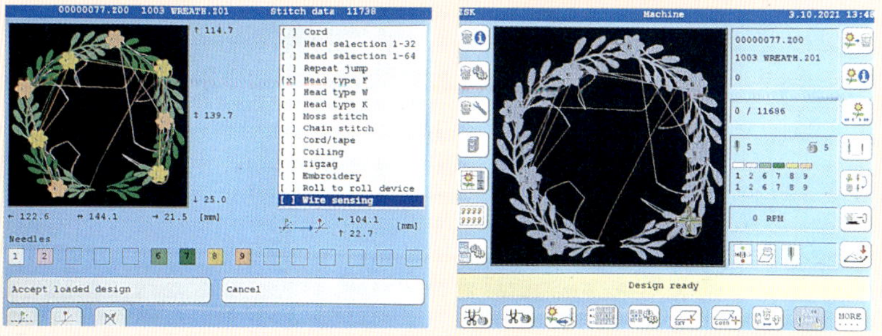

그림 **4-45** T8 디자인 정보 화면(좌)과 불러오기 완료된 화면(우)

③ 자수 위치 확인

적절한 위치에 자수를 하는 것은 장비의 고장을 예방하고, 자수를 완성하는 것 외에도 완성된 자수의 제품화를 위해 필수적이다. 발광 파우치의 경우 제작되는 파우치의 크기를 고려하여 위치를 선정해야 한다.

실습 자수 위치 확인

- **테크니컬 자수기에서의 실제 진행될 자수의 위치 확인**

 : **3** → **9** → 작동 버튼

(계속)

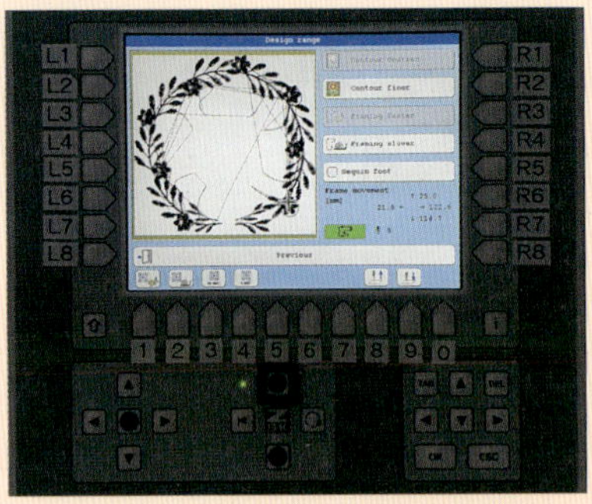

그림 **4-46** 자수 위치 확인 화면

④ 자수

T8 컨트롤 유닛을 통해 자수에 걸린 실이 연결된 바늘과 자수 디자인에 입력된 바늘 번호를 맞춘 후 작동 버튼을 눌러 디자인을 시작한다. 간혹 시퀸롤이 바탕직물에 LED 시퀸을 비뚤게 놓는 경우가 발생한다. 따라서 디자인 내 포함된 LED 시퀸을 완전히 자수한 후 장비를 멈춰 자수 상태를 확인해야 한다. 이때 LED 시퀸의 파단 및 발광부 탈락과 같은 손상여부 및 위치를 확인한다. LED 시퀸의 방향이 틀어졌을 경우 핀셋을 이용하여 의도한 LED 시퀸의 방향대로 배치한 후 건전지 소켓을 LED 시퀸에 연결하여 손상이 없는지 확인하여야 한다.

실습 자수 위치 확인 화면

- **디자인에 따라 바늘 설정 및 자수 동작 실행**

 : **5** → 바늘 설정 → 작동 버튼

그림 **4-47** LED 시퀸 고정 과정

발광 파우치 완성

면직물 위에 자수된 파우치 자수를 알맞은 크기로 재단한다. 이후 재단된 직물을 재봉하여 파우치를 완성한다.

실습 발광 파우치 완성

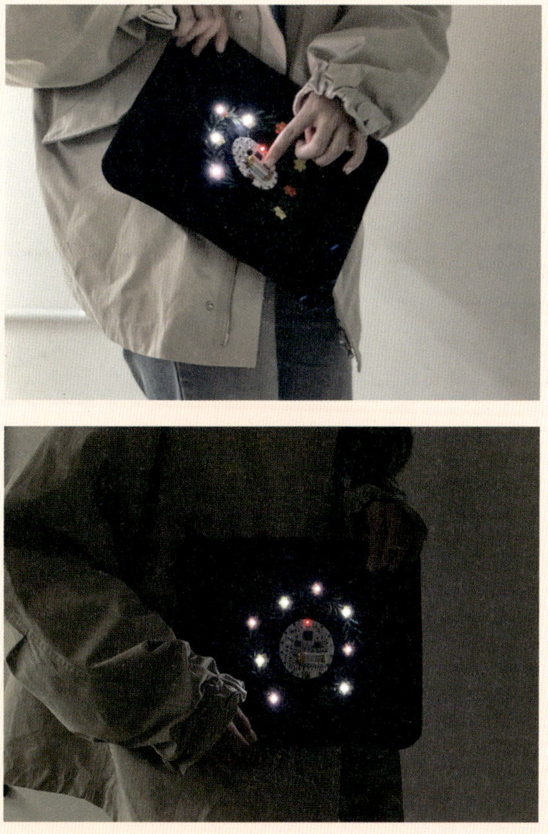

그림 4-48 제작된 발광 파우치

4.3 심박 확인용 발광 브라탑 제작(F-head, Lock stitch)

소개

심장 박동에 따라 LED가 발광하는 심박 확인용 발광 브라탑을 제작하였다. 테크니컬 자수기를 이용하여 LED 시퀸과 심박센서 보드를 전도사로 연결하였다. 이후 자수된 직물을 브라탑 패턴에 따라 재단하고 어깨선과 옆선을 봉제하여 브라탑을 완성하였다. 그림 4-49와 같이 브라탑의 왼쪽 가슴에 배치된 심박센서로부터 보드로 신호가 전달되면 LED가 발광한다.

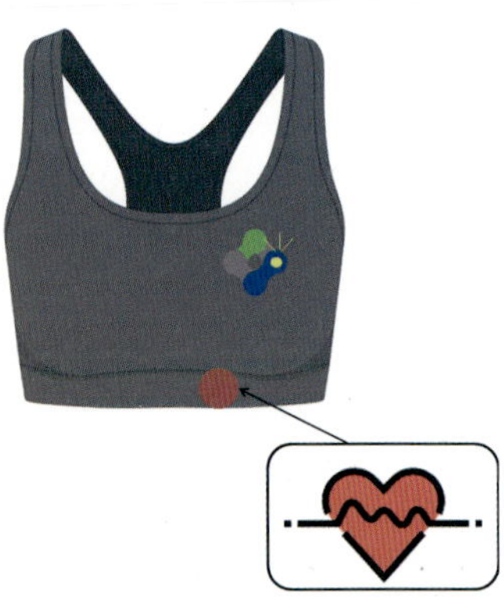

그림 **4-49** 심박 확인용 발광 브라탑 디자인 초안

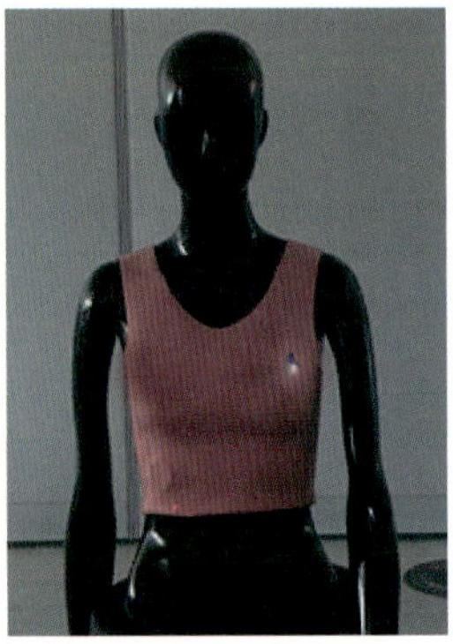

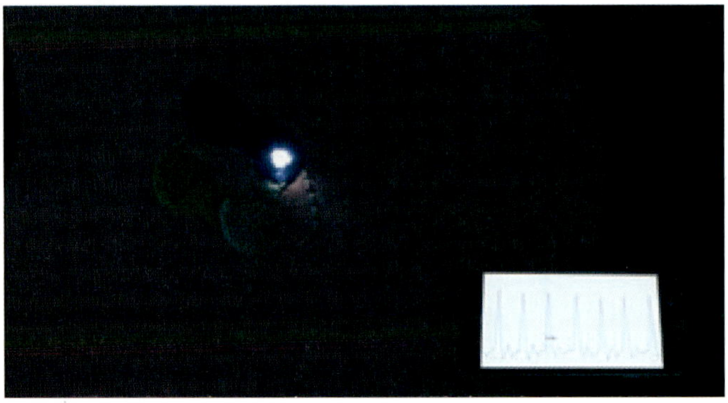

그림 **4-50** 심박 확인용 발광 브라탑 실제 이미지

재료

발광 브라탑에는 LED 시퀸과 전선 역할의 전도사가 사용되었다. 기재가 되는 바닥직물은 스포츠웨어 목적에 적합한 신축성 원단을 사용하였다. 단, 자수 시 신축성으로 인해 원단이 변형되는 것을 완화하기 위하여 직물 이면에 심지를 접착하였다. 접착된 심지는 자수 완료 후 직물로부터 제거하였다.

■ 발광 브라탑 재료 및 사양

• 바닥직물

혼용률	Polyester 94%, Spandex 6%
특성	무게감이 있고 신축성이 좋은 스포츠웨어용 원단
중량	540 g/m^2
폭	56~57 inch

• 심지

소재	Cotton 100%
특성	열압착 접착지
폭	110 cm / 90 cm

• 전도사 사양

제조사	Amann
제품명	Silver-tech 120
조성	은코팅 자수사
저항	530 Ohm/m
섬유굵기(번수)	120 tex

– 드로잉

① 일러스트레이터(ai) 파일 불러오기

LED를 포함하는 엠블럼과 직물에 자수할 PCB의 ai 파일을 프로그램 내로 불러온다.

실습 일러스트레이터(ai) 파일 불러오기

• Input/Output → General path → Vector data → 디자인 파일(ai) 선택 → read → 파일 열기

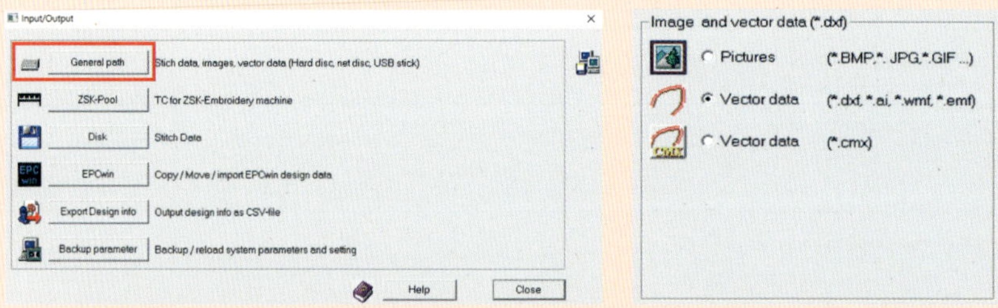

그림 4-51 파일 불러오기 창 Input/Output(좌)과 이미지 혹은 벡터 데이터 불러오기 창(우)

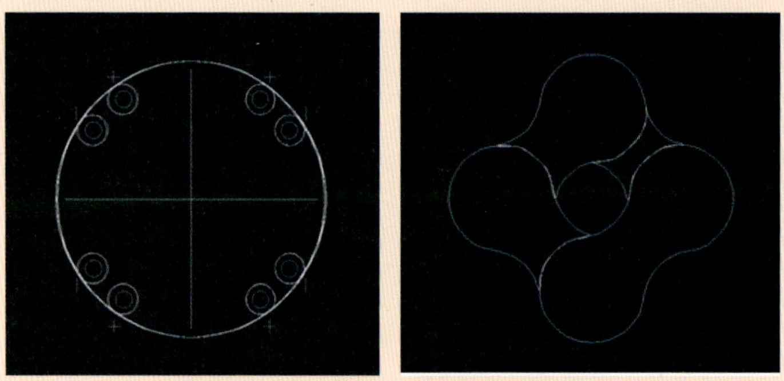

그림 4-52 PCB 보드(좌)와 엠블럼(우) 이미지

② 도형 이동 및 배치

불러온 PCB와 엠블럼을 디자인에 맞춰 배치시킨다. 이때 F11 Size and/or Orientation에서 x, y 방향 이동 값을 입력하면 정확한 위치에 배치할 수 있다.

실습 도형 이동 및 배치

• 저장된 드로잉 파일 불러오기

: F3 (Block selection) → 2 (Rectangle) → F11 (Size and/or Orientation) →

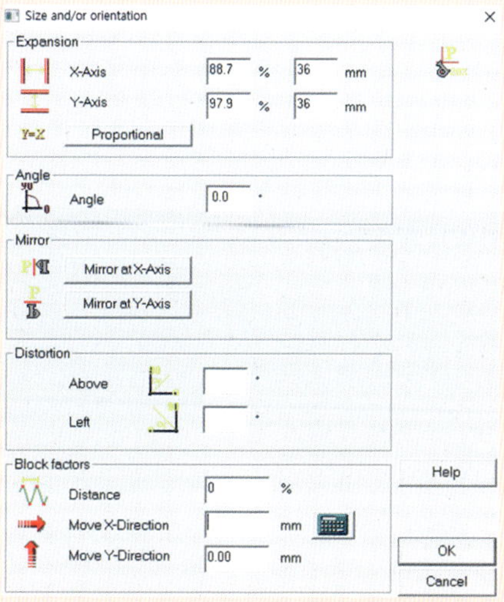

그림 4-53 F11(Size and/or Orientation) 창

그림 4-54 PCB와 로고 위치 지정

③ LED 시퀀과 연결선 그리기

Load block에 저장된 LED 시퀀의 드로잉을 불러와 엠블럼 우측에 배치하고 시퀀 양극과 PCB 양극을 잇는 선을 그린다. 이때 이전 작업과 LED 시퀀 및 연결선을 구별하기 위하여 F12 Drawing color를 이용하여 연결선의 색을 변경한다.

실습 LED 시퀀과 연결선 그리기

- **저장된 드로잉 파일 불러오기**

  : F3(Block selection) → Load block → LED 시퀀 선택 →

- **연결선 생성**

  : →

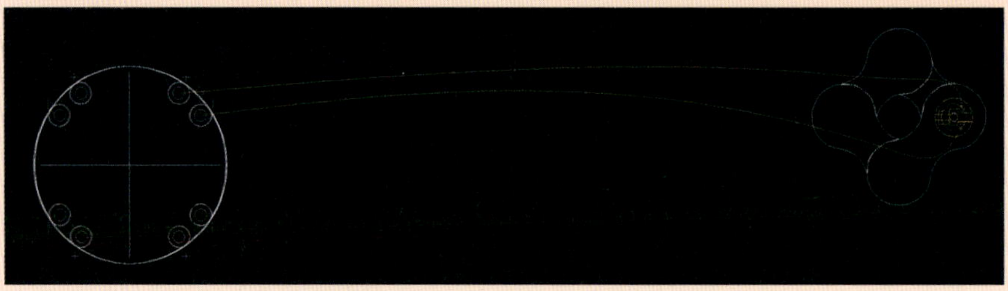

그림 4-55 LED 시퀀과 전도사 연결선 드로잉

– 펀칭

드로잉 작업으로 완성된 브라탑 디자인의 밑그림을 바탕으로 자수를 생성한다.

① LED 시퀀 스티치 생성

LED 시퀀의 배치와 고정 동작을 생성한다. 스티치 생성은 직접 수동 펀칭을 시작으로 일련의 과정을 수행하거나 F3(Load block)을 이용하여 LED 시퀀 스티치를 불러올 수 있다. 이후 Prog 20(comport line)을 사용하여 PCB와 전도사를 잇는 연결선을 생성한다.

실습 LED 시퀸 스티치 생성

- **LED 시퀸 스티치 불러오기**

: F3(Block selection) → Load block → LED 시퀸 스티치 선택 →

- **선 스티치 생성**

: F11(Program selection) → Prog 20(comport line) → 수동 편칭 → → CTRL + (선 선택) → → BACKSPACE → F8(Parameter set) → 변수 설정 → → F12(Special functions) → 43(Trimming) →

- **소자와 선 연결**

: F6(Main editor) → LED 시퀸 근처 스티치 선택( ) → INSERT → 수동 편칭 →

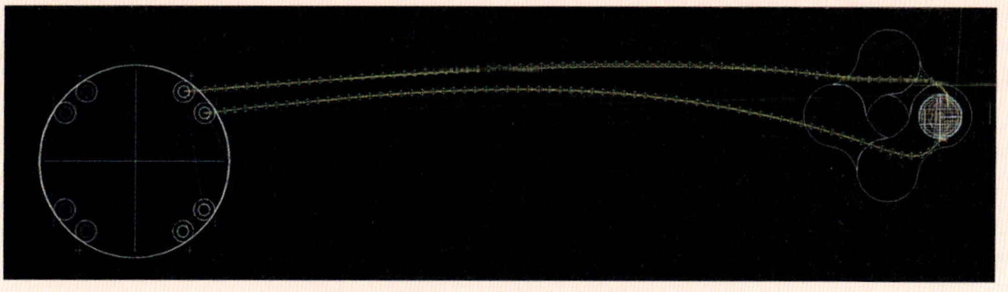

그림 4-56 PCB와 LED 시퀸의 전도사 연결 이미지

② 엠블럼 스티치 생성

마지막으로, 자동 자수 프로그램을 이용하여 엠블럼 스티치를 완성한다. Prog 14 (comport fill plus)로 도형을 채우고, LED 시퀸을 뒤덮는 동시에 발광 부위가 노출될 수 있도록 디자인한다.

이때 T8의 방향키를 이용하여 자수 위치를 이동시키기보다는 디자인 생성 단계에서 자수 전체를 특정 간격으로 복사하여 이동하는 것이 직물의 낭비를 줄일 수 있다.

실습 엠블럼 스티치 생성

• LED 시퀸 커버링 및 로고 스티치 생성

: F11 (Program selection) F11 PRG → Prog 14 (comport fill plus) → 수동 편칭 → → CTRL + (도형 선택) → → Stitch direction → → End point → DEL → F8 (Parameters) → OK →

: 발광 부위 노출을 위해 엠블럼의 파란 부분은 2회 자수해야 함

: 이때 동일한 도형에 Stitch direction을 수직으로 하여 2회 자수하거나 F8(Parameters) 설정에서 underlay 값을 입력하여 2회 자수할 수 있음(기본적으로 설정된 자수는 1회이므로, No. of underlayers = 1, Stitch directions = 90을 입력하여 1회 자수 추가 수행함)

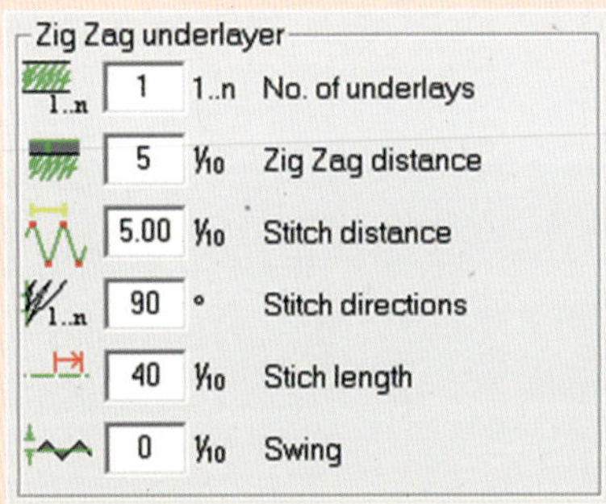

그림 **4-57** F8(Parameters) underlayer 설정

• LED 시퀸 커버링 및 엠블럼 스티치 편집

: F6 (Main editor) → 커버링된 도형 선택(CTRL +) → ESC → Needle point 선택(방향키) → DEL

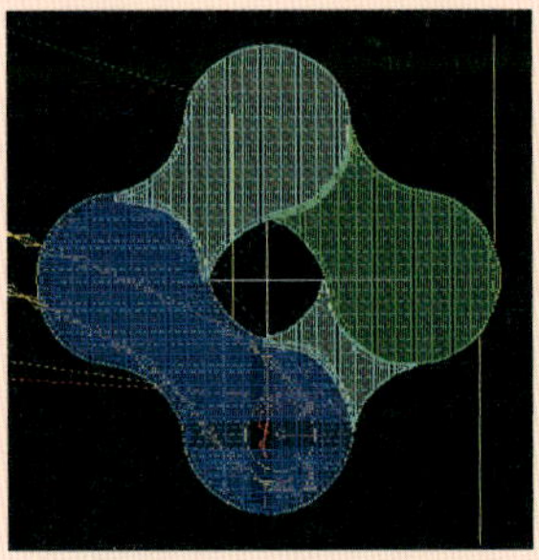

그림 **4-58** 완성된 엠블럼 스티치

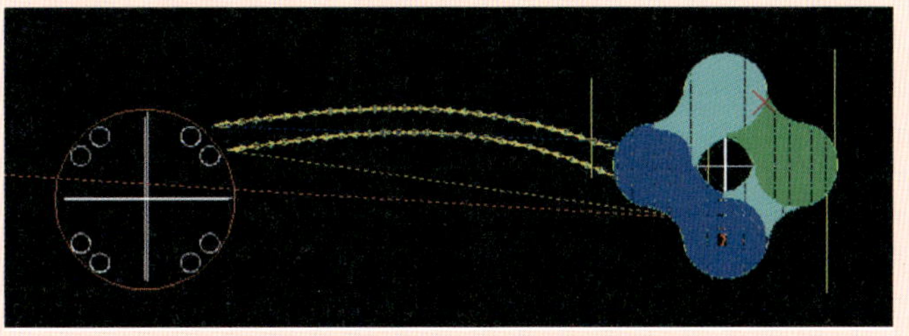

그림 **4-59** 완성된 디자인

- **LED 시퀸 커버링 및 로고 스티치 편집**

: F3(Block selection) → 2(Rectangle) → 디자인 전체 선택 → F4(Block tool box) → Repeat rule → Create horizontal repeat rule → 변수 입력 → OK → F3(Block selection) → 디자인 전체 선택 → F4(Block tool box) → Resolve repeat rule → OK

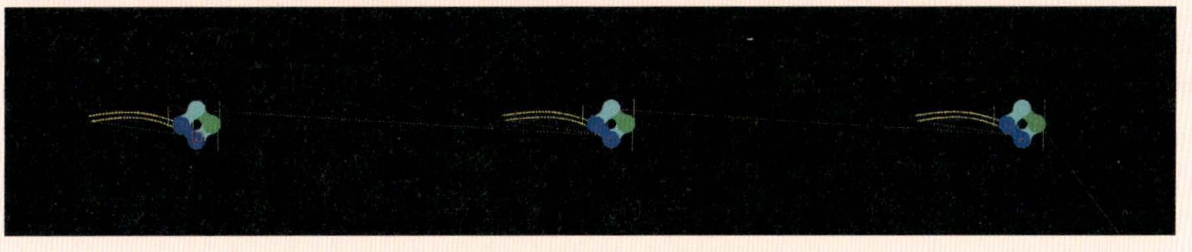

그림 **4-60** 완성된 브라탑 자수 디자인

자수하기

① 직물 준비하기

스포츠웨어의 착용목적과 기능성을 고려하여, 발광 브라탑은 신축성 원단을 사용하여 제작한다. 신축성 원단의 변형을 방지하기 위해 이면에 심지를 붙인 뒤 지그로 자수기 프레임에 고정시켰다.

실습 직물 준비

- **직물을 테크니컬 자수기 프레임에 설치**

  : 테크니컬 자수기 프레임에 직물을 구김이나 여유가 없도록 펼치고, 손으로 밀리지 않을 정도로 팽팽하고 단단하게 고정시킨다.

그림 4-61 자수기 프레임에 지그로 직물 고정

② 디자인 불러오기

EPC_win으로 제작한 디자인 파일을 자수기의 T8 컨트롤 유닛으로 불러온다.

실습 디자인 불러오기

- **테크니컬 자수기로 디자인 파일 불러오기**

  : **R1** → **2** 혹은 **4** → 브라탑 디자인 선택 → OK → **L6** → 디자인 정보 확인 → OK

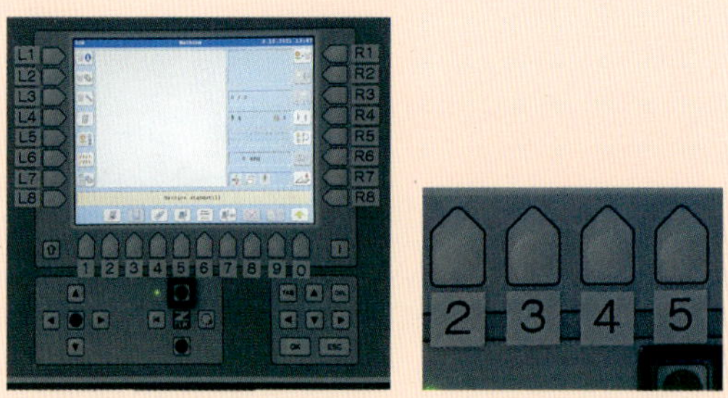

그림 4-62 T8 초기화면(좌)과 자수 불러오기 버튼(2 혹은 4)(우)

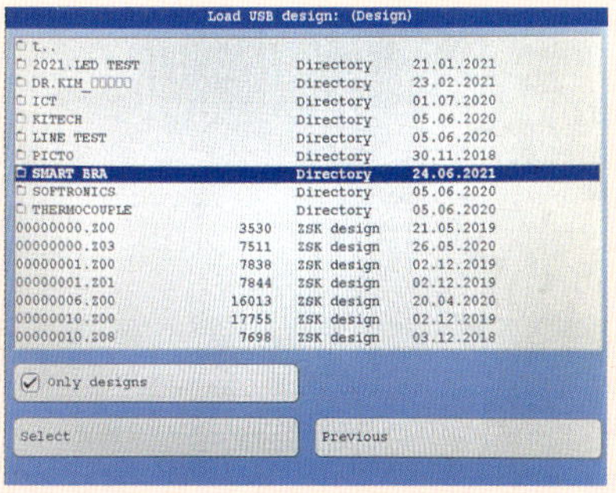

그림 4-63 자수 파일 선택화면

• **자수 파일의 기본 정보 확인**

: 작동 버튼 하단의 ZSK 버튼을 눌러 방향키로 전환하고, 스크롤을 내려 자수 파일의 정보를 확인

: 심박 확인용 발광 브라탑 제작을 위한 조건으로 F-head 설정, Sequin device, Trimming 등을 확인

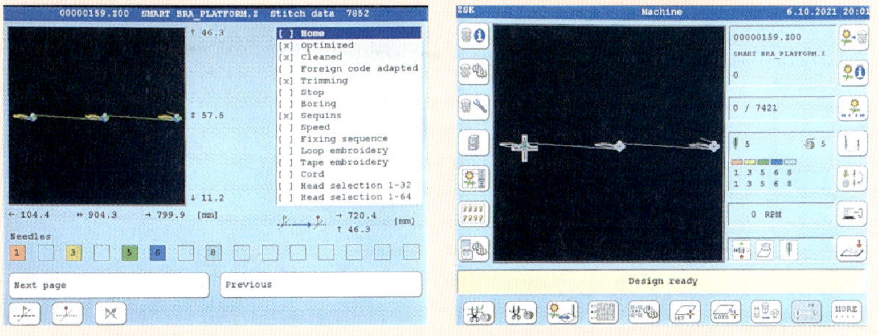

그림 4-64 T8 디자인 정보 화면(좌)과 불러오기 완료된 화면(우)

③ 자수 위치 확인

LED 시퀸과 PCB, 회로 등이 자수된 원단은 이후 봉제를 위하여 자동재단기에서 재단된다. 브라탑 최종 시제품의 왼쪽 가슴에 자수회로가 위치해야 하므로, 자수 시작 전에 자수의 위치를 정확하게 설정해야 한다. 이를 위하여 T8 컨트롤 유닛을 통해 정확한 자수 위치와 헤드의 가동 범위를 확인하도록 한다.

실습 자수 위치 확인

• 테크니컬 자수기에서의 실제 진행될 자수의 위치 확인

: **3** → **9** → 작동 버튼

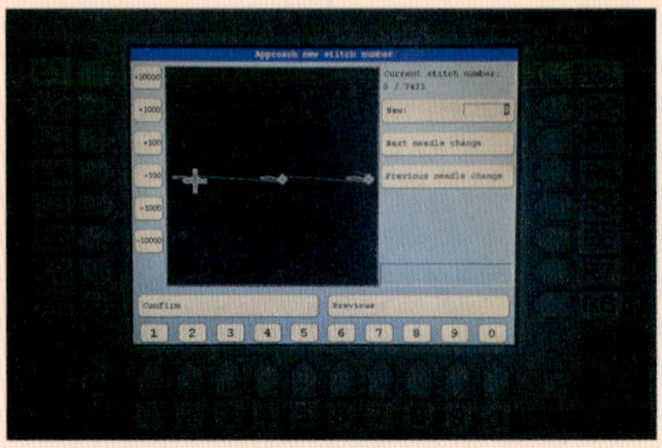

그림 **4-65** 자수 위치 확인 화면

④ 자수

마지막으로 T8 컨트롤 유닛으로 자수기 바늘과 자수 디자인에 입력된 바늘 번호를 일치시킨 후 작동 버튼을 눌러 자수를 시작한다.

실습 자수 위치 확인 화면

• 디자인에 따라 바늘 설정 및 자수 동작 실행

: **5** → 바늘 설정 → 작동 버튼

그림 **4-66** 심박 확인용 발광 브라탑 자수 과정

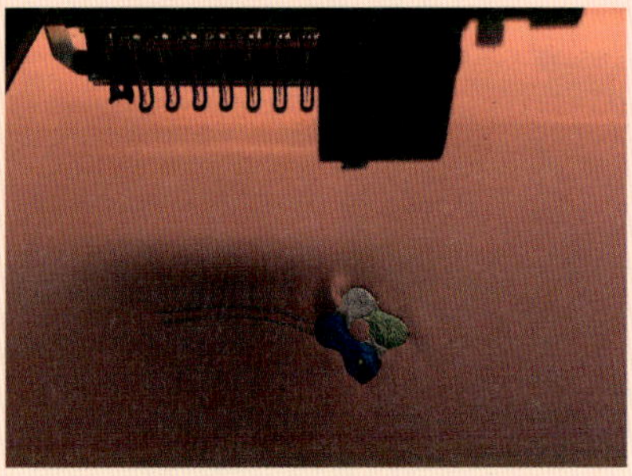

그림 **4-67** 완성된 브라탑 자수

심박 확인용 발광 브라탑 완성

자수된 직물은 브라탑 패턴에 따라 재단한다. 재단된 앞판과 뒤판을 봉제하여 완성하고, 심박에 따라 LED가 작동하는지 확인한다.

실습 심박 확인용 발광 브라탑 완성

• 부품소재와 연결

그림 4-68 완성된 심박 확인용 발광 브라탑

4.4 발열 방석 제작(W-head, TFP)

소개

발열 방석은 그림 4-69과 같이 방석 커버 내부에 발열체가 삽입되는 구조로 설계하였다. 이를 위하여 두께감이 있는 부직포에 TFP 방식으로 금속 와이어를 고정하였고, 전류의 흐름을 고려하여 그림 4-70과 같은 형태로 발열체를 제작하였다.

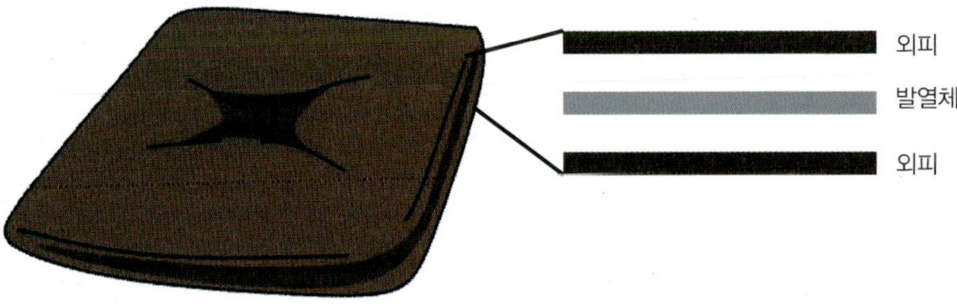

그림 **4-69** 발열 방석 디자인 초안

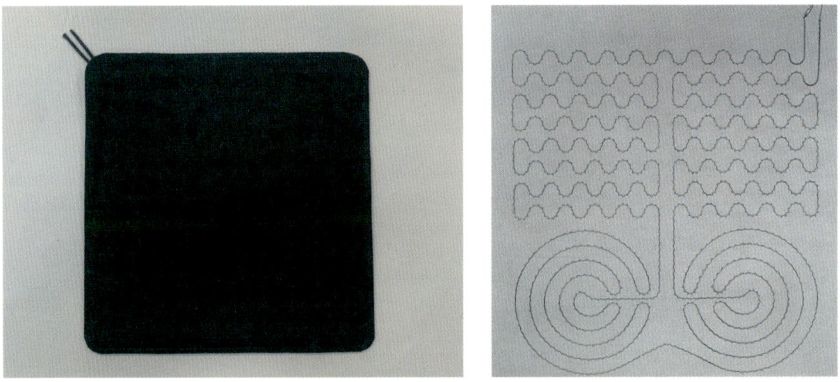

그림 **4-70** 발열 방석 실제 이미지(좌)와 발열체(우)

재료

안정적인 발열 성능을 얻기 위해 저항이 비교적 큰 스테인리스 와이어를 사용하여 부직포에 발열 패턴을 자수하였다. 저항이 매우 낮은 와이어를 사용할 경우, 높은 전압을 가했을 때 와이어가 과열되어 발열 성능을 발휘하지 못할 가능성이 있기 때문이다. 기재가 되는 부직포는 직물과 겹쳐 사용하지 않고 단독으로 방석 내에 삽입되므로 안정적인 발열 패턴 구현을 위하여 두께가 두꺼운 것을 선택하였다.

■ 발열 방석 재료 및 사양

• 부직포

소재	폴리프로필렌 100%
원단폭	59 inch
두께(무게)	80 g/m^2

• 스테인리스 와이어

제조사	Bekaert
제품명	Bekaert VN 12.3.2. 175S
섬유조성	스테인리스 스틸
저항	9.4 Ohm/m. (NA)
굵기	760 tex

프로그래밍(디자인 제작)

– 드로잉

① 발열체 선 그리기

EPC_win의 드로잉 툴을 이용하여 발열체 선을 그린다. 전압이 인가됨에 따라 발열체가 효율적으로 성능을 발휘하려면 발열체 선의 저항이 너무 낮은 것보다 일정 수준 큰 것이 좋다. 따라서 단위 면적 내에서 저항을 높이기 위해서는 전류의 경로가 최대한 길어야 하므로, 발열 회로로 사용하는 와이어는 굴곡진 형태로 배치되어야 한다. 발열 회로를 위한 규칙적인 패턴은 Contour modus(F4)를 통해 반원이나 직선으로 드로잉하여 구현한다.

발열체 패턴은 사용하는 와이어의 종류에 따라 달라진다. 절연체로 코팅된 와이어의 경우, 발열체가 와이어 간 교차되는 발열 패턴을 갖더라도 발열 성능에 유의한 영향을 미치지 않는다. 하지만 이 책에서 사용한 스테인리스 와이어와 같이 표면에 절연체 코팅이 되지 않은 와이어는 와이어가 접촉되는 부분이 누전이나 합선에 의하여 과열될 수 있다. 따라서 절연체로 코팅되지 않은 와이어를 사용할 때는 와이어가 겹치는 부분이 없도록 패턴을 디자인해야 한다.

실습 발열체 선 그리기

• 발열체 선 생성

: (Contour modus) → Mode 선택 및 Parameter 입력 →

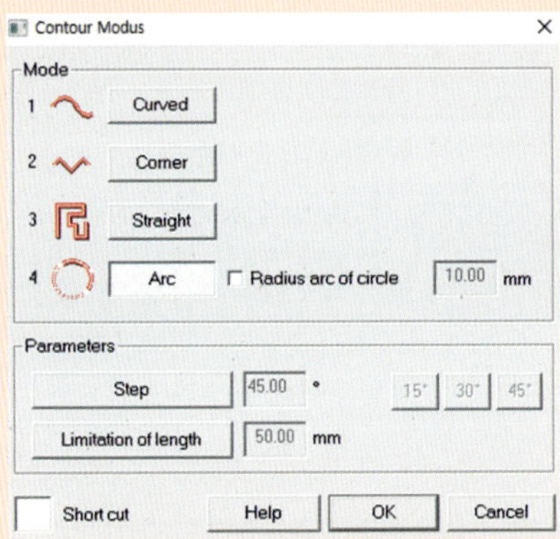

그림 4-71 F4(Contour modus) 창

• 와이어 고정 선 생성

: (Main editor) → (발열체의 양 말단 부근 두 점 선택) →

: 발열체의 양 말단에서 어느 정도 길이를 끊는 이유는 이 부분을 와이어 고정에 사용하기 위함임

: 자수 초기에 와이어가 미끄러져 빠지는 일이 없도록 Stitch length를 짧게 하여 와이어가 단단하게 고정되도록 함

그림 4-72 발열체 드로잉 이미지

– 펀칭

① 와이어 고정 스티치 생성

W-head은 드로잉 선을 따라 와이어를 놓으면서 그 위를 지그재그로 고정하는 자수를 수행한다. 하지만 EPC_win 상에서는 지그재그가 아닌 직선 스티치로 표기되므로 유의해야 한다. 즉, Parameter set(F8)에서 Stitch length만 설정하고, swing 값을 포함하는 기타 변수를 설정하지 않는다.

발열체의 스티치는 Prog 20(comport line)을 이용하여 생성하며, 전원과 연결부는 직물에 잘 고정시키기 위해 Stitch length를 작게 설정하여야 한다.

실습 선 스티치 생성

• **선 스티치 생성**

: F11 (Prog selection) [F11 PRG] → Prog 20 (comport line) → 수동 펀칭 → (마우스) → CTRL + (마우스) (선 선택) → (마우스) → BACKSPACE → F8 (Parameter set) → 변수 설정 → (마우스) → F12 (Special functions) → 43 (Trimming) → (마우스)

(계속)

그림 4-73 완성된 발열체 스티치

자수하기

① 직물 준비하기

발열체를 위한 바닥직물은 두꺼운 부직포를 사용한다. 이는 스티치가 촘촘하게 형성되는 구간에서도 심지의 파열을 막을 수 있다는 장점이 있다.

실습 직물 준비

- **직물을 테크니컬 자수기 프레임에 설치**

: 테크니컬 자수기 프레임에 직물을 구김이나 여유가 없도록 펼치고, 손으로 밀리지 않을 정도로 팽팽하고 단단하게 고정시킨다.

그림 4-74 자수기 프레임에 지그로 부직포를 고정

② 디자인 불러오기

EPC_win으로 제작한 자수 파일을 자수기의 T8 컨트롤 유닛으로 불러온다.

실습 디자인 불러오기

• 테크니컬 자수기로 디자인 파일 불러오기

: **R1** → **2** 혹은 **4** → 발열체 디자인 선택 → OK → **L6** → 디자인 정보 확인 → OK

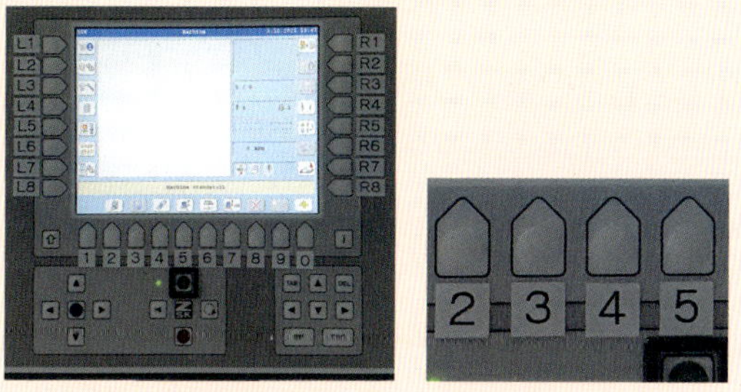

그림 **4-75** T8 초기화면(좌)과 자수 불러오기 버튼(2 혹은 4)(우)

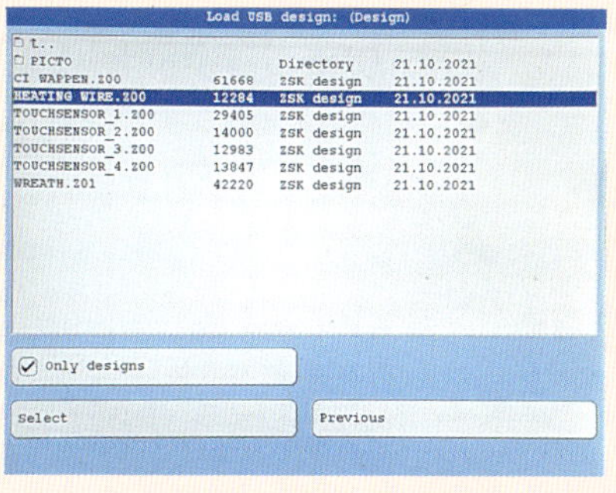

그림 **4-76** 자수 파일 선택화면

• 자수 파일의 기본 정보 확인

: 작동 버튼 하단의 ZSK 버튼을 눌러 방향키로 전환하고, 스크롤을 내려 자수 파일의 정보를 확인

: 발열 방식의 경우 W-head 설정, Trimming 등을 확인

(계속)

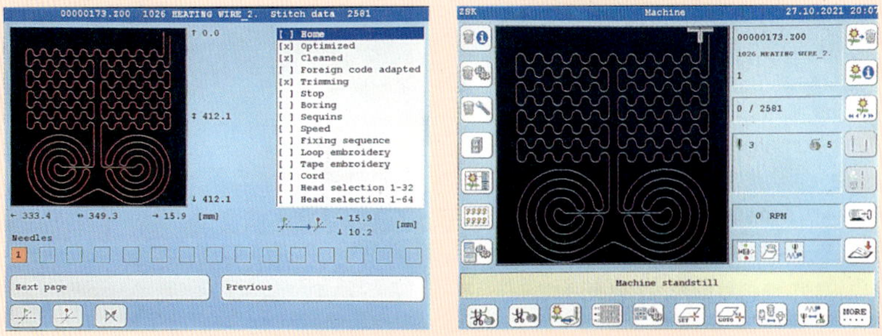

그림 **4-77** T8 디자인 정보 화면(좌)과 불러오기 완료된 화면(우)

③ 자수 위치 확인

자수 전 위치 오류로 헤드가 손상되거나 발열체를 완성하지 못할 수 있으므로, 사전에 디자인의 크기를 파악하여 적절한 위치를 선정한다.

실습 자수 위치 확인

- **테크니컬 자수기에서의 실제 진행될 자수의 위치 확인**

: **3** → **9** → 작동 버튼

그림 **4-78** 자수 위치 확인 화면

④ 자수

W-head의 경우 작동 버튼을 누른 후 자수가 바로 시작되는 것이 아니라 자체적으로 바늘과 레잉 풋의 위치를 조정하는 동작을 1회 실시한다. 따라서 그림 4-79와 같이 테이프 등으로 와이어와 자수실의 방향을 고정시키면, 자수 중 고정되지 않은 와이어가 손상되는 것을 막을 수 있다. 위치가 조정되면 작동 버튼을 한 번 더 눌러 자수를 시작한다.

실습 자수 위치 확인 화면

- **디자인에 따라 바늘 설정 및 자수 동작 실행**

: **5** → 바늘 설정 → 작동 버튼

그림 4-79 와이어 및 실 고정

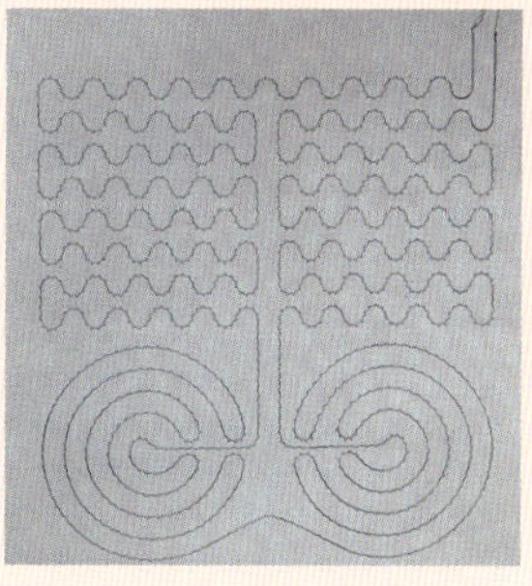

그림 4-80 완성된 발열체 자수

발열 방석 완성

방석의 외피는 인조가죽을 사용하였으며 외피 사이에 발열체 및 전원공급장치를 넣어 방석을 완성하였다. 이후 완성된 방석은 그림 4-82와 같이 열화상카메라를 이용하여 발열 성능을 확인하였다.

실습 발열 방석 완성

그림 **4-81** 완성된 발열 방석

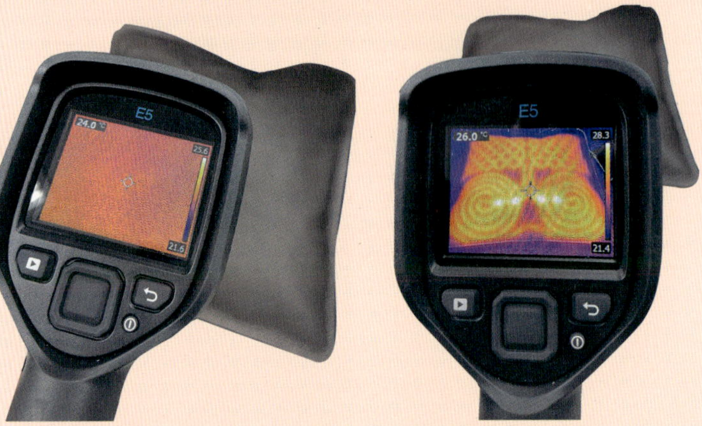

그림 **4-82** 열화상카메라 이미지
: 발열 방석 전원 Off 상태(좌)와 전원 On 상태(우)

4.5 터치 장갑 제작(K-head, Moss stitch)

소개

전도사로 터치센서를 제작하였으며 터치가 용이하도록 장갑의 손등 부위에 고정하였다. 스마트폰 등의 전자기기와 연결시킨다면, 터치에 따라 음악 재생, 음량 조절과 같은 특정 기능을 수행하는 스마트 장갑으로의 활용이 가능할 것이다.

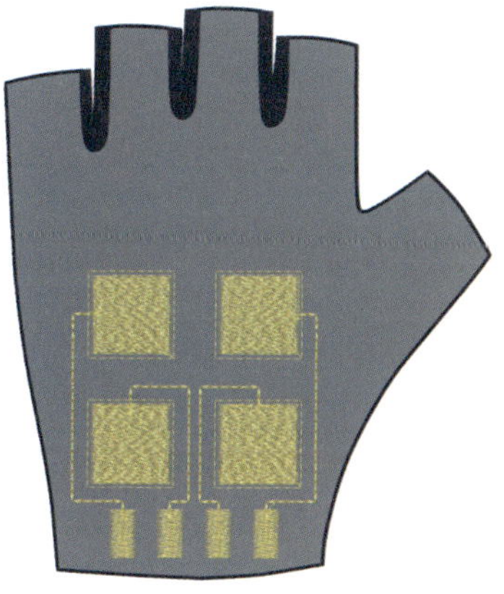

그림 **4-83** 터치센서 디자인

그림 **4-84** 터치센서의 실제 이미지

재료

바닥직물로는 대표적인 투습방수 소재인 고어텍스를 사용하였고, 터치센서는 전도사를 이용하여 모스 스티치 기법을 적용하였다.

■ **터치 장갑 재료 및 사양**

• 바닥직물

혼용률	나일론, PTFE 멤브레인
중량	150 g/sqm
폭	140 cm

• 전도사

제조사	Amann
제품명	Silver-tech 120
섬유조성	Nylon 100% + silver coating
저항	530 Ohm/m
굵기	120 tex

프로그래밍(디자인 제작)

– 드로잉

① 터치센서 디자인 생성하기

프로그램의 드로잉 툴을 이용하여 터치센서를 그린다. 터치센서는 센싱 부위, 측정 장치와 연결되는 커넥션 패드, 그리고 이들을 잇는 연결선으로 구성된다. 센싱 부위와 커넥션 패드는 Geometry(F7)를 이용하여, 연결선은 Contour modus(F4)를 이용하여 생성한다.

센싱 부위를 드로잉할 때에는 그림 4-85의 사각형과 같이 하나의 사각형을 그린 뒤 일정한 비율로 확대된 사각형 2개를 추가로 생성한다. 가장 안쪽의 사각형은 센싱 부로, 모스 스티치로 작업할 예정이며 센서의 외형 변화 및 실 풀림을 방지하기 위하여 바깥 사각형에 견고한 체인 스티치를 추가할 것이다.

실습 터치센서 그리기

• **센싱 부위 생성**

: F7 (Geometry) F7 → F11 (Parameters) → → F9 → CTRL + → 커서를 도형 밖으로 배치 → F11 (Parameters) 설정 →

: 도형을 그린 후 이와 각 1, 2 mm 간격의 도형을 추가

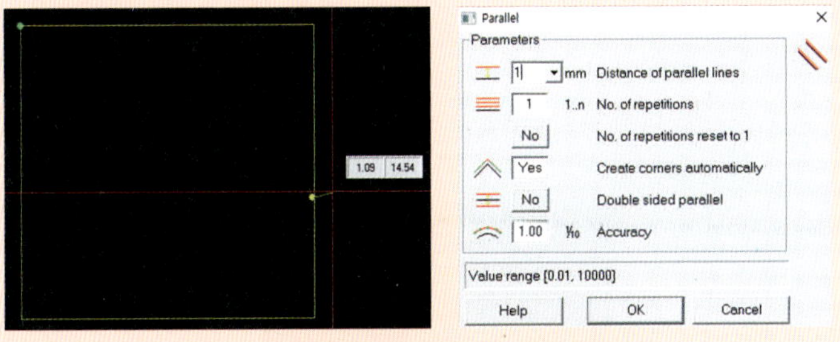

그림 4-85 F9 도형 선택 및 평행한 도형 생성 방향 선택(좌) 및 평행한 도형 Parameters 창

그림 4-86 완성된 센싱 부위 드로잉

• **센싱 부위 편집**

: F6 (Main editor) F6 → (절단 위치 선택) → F7

: 가장 안쪽 도형을 감싸고 있는 2개의 도형을 절단하여 각 2개의 선으로 만듦

: 두 선 중 짧은 것이 스티치를 안정적으로 고정하기 위한 선이 됨

(계속)

그림 4-87 도형 절단 위치(빨간 선 교차점) 선택(좌) 및 스티치 고정 선(우)

• **센싱 부위 복사**

: F3 (Block selection) → 2(Rectangle) → 디자인 전체 선택 → F4 (Block tool box) → Repeat rule → Create horizontal repeat rule → 변수 입력 → OK → F3 (Block selection) → 디자인 전체 선택 → F4 (Block tool box) → Resolve repeat rule → OK

: 센싱 부위를 Repeat rule을 사용하여 이를 일정 간격으로 배치

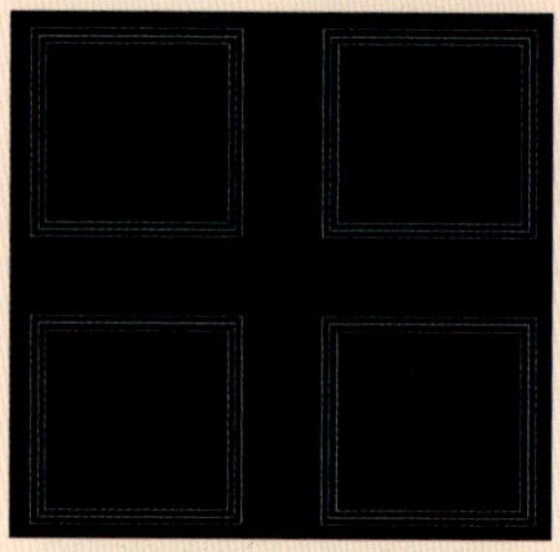

그림 4-88 복사된 센싱 부위 도형

• **연결 부위 생성**

: F4 (Contour modus) > Mode 선택 및 Parameter 입력 >

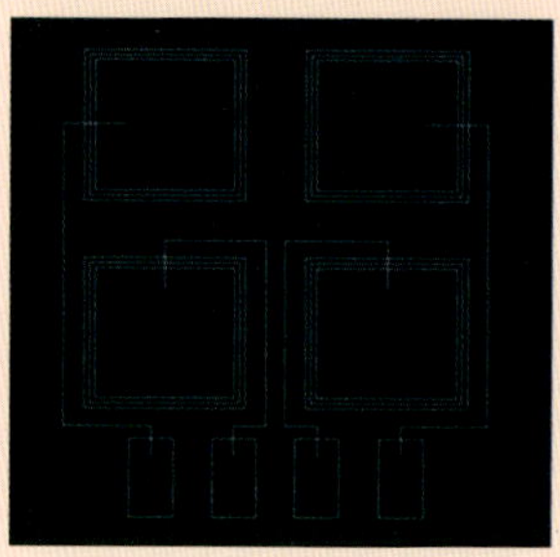

그림 4-89 터치센서 드로잉

– 펀칭

① 연결선과 커넥션 패드 스티치 생성

F-head를 이용한 자수를 먼저 수행한다. 커넥션 패드는 Prog 14(comport fill plus), 연결선은 Prog 20(comport line)을 이용하여 자수한다. 연결선의 자수는 안정적인 전도성을 얻기 위해 3회 반복한다.

실습 연결선과 커넥션 패드 스티치 생성

• **선 스티치 생성**

: F11 (Program selection) F11 PRG → Prog 20 (comport line) → 수동 편칭 → → CTRL + (선 선택) → → BACKSPACE → F8 (Parameter set) → 변수 설정 → → F12 (Special functions) → 43(Trimming) →

• **커넥션 패드 스티치 생성**

: F11 (Program selection) F11 PRG → Prog 14 (Comport fill plus) → CTRL + (도형 선택) → → Stitch direction → → End point

그림 4-90 연결선과 커넥션 패드 스티치

② 센싱 부위 스티치 생성

K-head를 이용하여 모스 스티치와 체인 스티치의 2가지 스티치 방식을 적용한다. 모스 스티치는 루프를 만드는 방식으로, 터치센서에서는 압력에 의한 루프의 저항 변화를 통해 터치를 감지하는 용도로 활용한다. 체인 스티치는 모스 스티치의 외곽선에

적용하여 모스 스티치가 안정적으로 자수되도록 지원하는 역할을 한다. 따라서 터치 센서의 센싱 부위 스티치는 체인 스티치로 시작하여 모스 스티치를 거쳐 다시 체인 스티치로 마무리된다.

모스 스티치는 밑실을 사용하지 않고 한 가닥의 실을 사용하여 자수하는 방식임에 따라 디자인 마지막 단계에 자수사의 풀림을 방지하기 위하여 Special functions(F12)에서 Trimming(43) 동작을 반드시 넣어야 한다.

실습 센싱 부위 스티치 생성

• 체인 스티치 생성

: F11 (Program selection) F11 PRG → Prog 20 (comport line) → 수동 편집 → → CTRL + (선 선택) → → BACKSPACE → F8 (Parameter set) → 변수 설정 → → F12 (Special functions) → 43 (Trimming) →

: 센싱 부위의 가장 안쪽에 있는 사각형을 제외한 나머지 2개의 사각형은 2개의 선으로 이루어져 있음

: 이 중 짧은 선을 체인 스티치 고정에 사용하며, 이를 위하여 F8에서 run을 2회로 입력함으로써 직물 위에 스티치가 단단하게 형성되도록 함

: 나머지 선은 1회 스티치 되도록 함

: 이 과정은 모스 스티치 전후에 각 한 번씩 수행됨

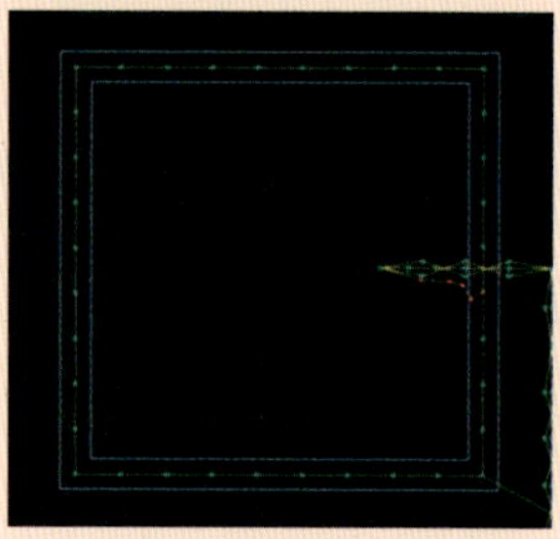

그림 4-91 체인 스티치 생성

• 모스 스티치 생성

: F11 (Program selection) F11 PRG → Prog 14(comport fill plus) → CTRL + (도형 선택) → → Stitch direction → → End point → BACKSPACE → F8 (Parameters) → OK

: 루프를 촘촘하게 생성하기 위해 각각 다른 방향으로도 2회 자수함

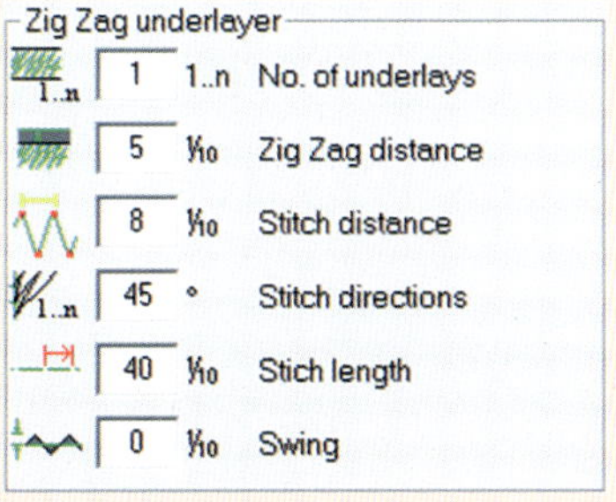

그림 **4-92** F8(Parameters) "Zig Zag underlayer" 명령

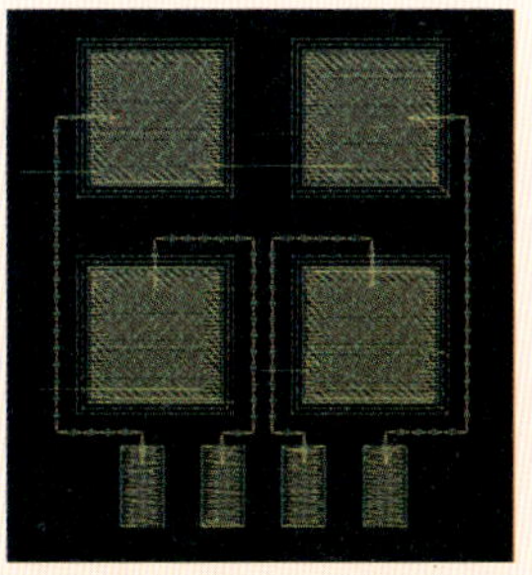

그림 **4-93** 완성된 터치센서 스티치

자수하기

① 직물 준비하기

바닥직물로 사용한 고어텍스 직물은 신축성이 거의 없으므로 별도의 심지 없이 그대로 사용하였다.

실습 직물 준비

- **직물을 테크니컬 자수기 프레임에 설치**

  : 테크니컬 자수기 프레임에 직물을 구김이나 여유가 없도록 펼치고, 손으로 밀리지 않을 정도로 팽팽하고 단단하게 고정시킨다.

그림 **4-94** 자수기 프레임에 지그로 직물 고정

② 디자인 불러오기

EPC_win으로 제작한 프로그램 파일을 자수기의 T8 컨트롤 유닛으로 불러와 디자인 정보를 확인한다.

실습 디자인 불러오기

• 테크니컬 자수기로 디자인 파일 불러오기

: **R1** → **2** 혹은 **4** → 터치센서 디자인 선택 → OK → **L6** → 디자인 정보 확인 → OK

그림 4-95 T8 초기화면(좌)과 자수 불러오기 버튼(2 혹은 4)(우)

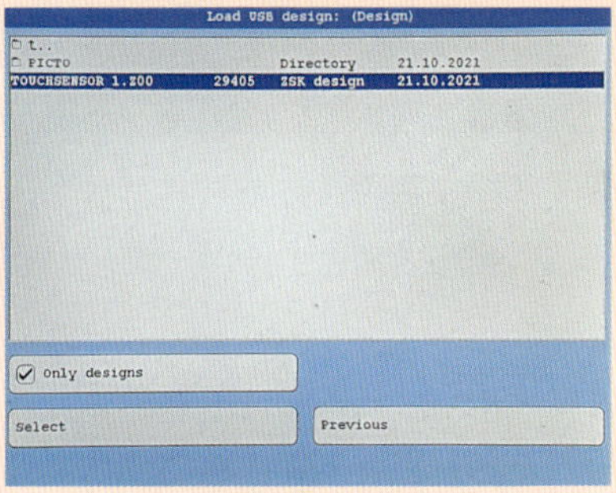

그림 4-96 자수 파일 선택화면

• 자수 파일의 기본 정보 확인

: 작동 버튼 하단의 ZSK 버튼을 눌러 방향키로 전환하고, 스크롤을 내려 자수 파일의 정보를 확인

: 터치센서의 경우 F-head, K-head 설정과 Trimming 등을 확인

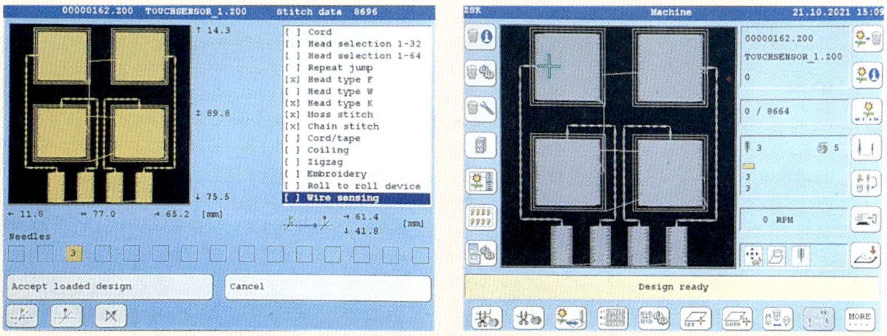

그림 **4-97** T8 디자인 정보 화면(좌)과 불러오기 완료된 화면(우)

③ 자수 위치 확인

자수를 시작하기 전에 자수의 위치 및 디자인 크기를 파악하기 위하여 바늘을 알맞은 위치로 이동시킨다.

실습 자수 위치 확인

- **테크니컬 자수기에서의 실제 진행될 자수의 위치 확인**

  : **3** → **9** → 작동 버튼

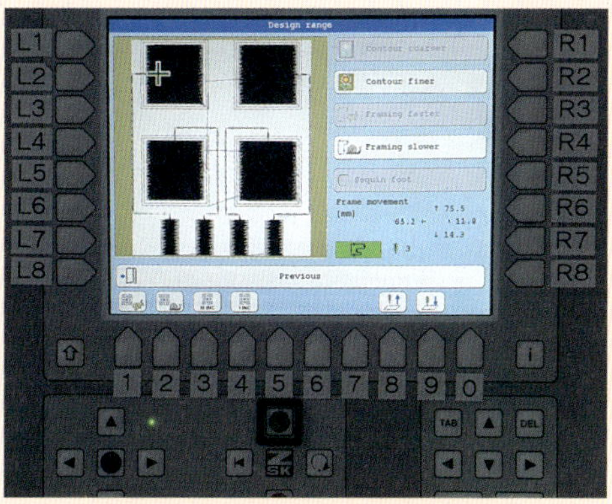

그림 **4-98** 자수 위치 확인 화면

④ 자수

앞서 EPC_win에서 터치센서 자수를 생성할 때, 모스 스티치와 체인 스티치의 루프에 대한 변수는 설정하지 않았다. 이는 사용하는 실에 따라 변수를 달리 설정해야 하는데, 설정값은 실제 동작과정에서 정보를 얻을 수 있기 때문이다. 따라서 T8 컨트롤 유닛을 통해 루프의 변수를 바꿔가며 적절한 값을 찾도록 한다.

실습 자수 위치 확인 화면

• 체인과 루프의 크기 설정

: **L2** → **R3** 또는 F4

: 설정을 통해 체인과 모스의 크기를 설정

: 일반적으로 실의 굵기가 작을수록 체인과 루프의 크기를 작게 설정

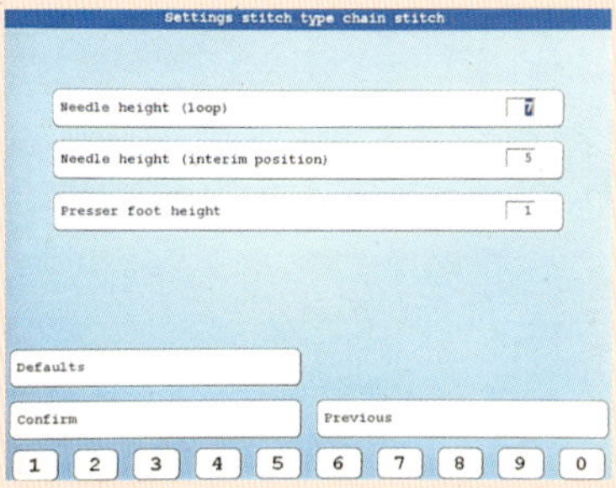

그림 4-99 체인 스티치 설정 창

• 디자인에 따라 바늘 설정 및 자수 동작 실행

: **5** → 작동 버튼

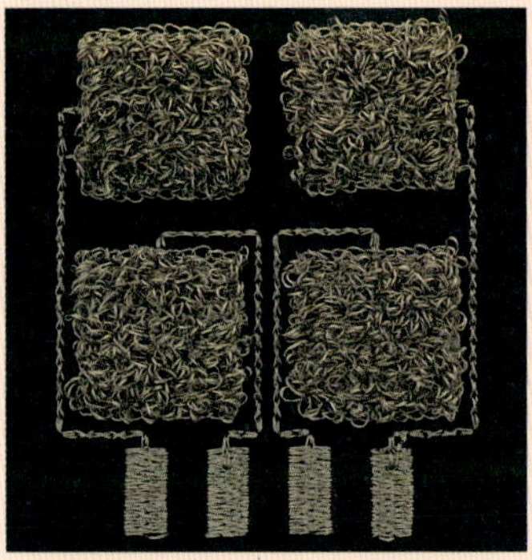

그림 4-100 완성된 터치센서 자수

터치 장갑 완성

터치센서를 목적에 맞게 알맞은 크기로 재단한 후 장갑 패턴과 봉제하여 터치 장갑을 완성한다.

실습 터치 장갑 완성

그림 4-101 완성된 터치센서

참 고 문 헌

도서

- Electronic Textiles: Smart Fabrics and Wearable Technology (2015), Tilak Dias, Woodhead Publishing
- ASMT D8248-20, Standard terminology for smart textiles
- ISO/TR 23383, Textiles and textile products – smart(intelligent) textiles – Definitions, categorisation, applications and stadardization needs
- Design smart clothing using digital human models (2019), Sofia Scataglini, Gunther Paul, DHM, Posturography, Academic Press
- Smart fibers, fabrics and clothing (2001), Xiaoming Tao, Woodhead Publishing
- Smart Textiles Production (2019), Inga gehrke, Vadim Tenner, Volker Lutz, David Schmelzeisen, Thomas Gries, MDPI
- Smart Textiles and Their Application (2016), Vladan Koncar, Woodhead Publishing
- Wearables, Smart Textiles & Smart Apparel (2019), Dominique Paret, Pierre Crego, ISTE Press Ltd & Elsevier Ltd.

시장보고서

- E-Textiles 2016-2026: Technologies, Markets and Players (2015), IDTechEx Report
- E-Textiles 2020-2030: Technologies, Markets and Players (2020), IDTechEx Report
- Wearable Technology Forecasts 2020-2030 (2020), IDTechEx Report
- Global computerized embroidery machine market research report, segment by major players, types, applications and region, 2015-2025 (2021), MAIA RESEARCH Report

논문

- Amale Ankhili, Shahood Uz Zaman, Xuyuan Tao, Cedric Cochrane, Vladan Koncar, David Coulon. (2019), How to connect conductive flexible textile tracks to skin electrocardiography electrodes and protect them against washing, IEEE Sensors Journal, 19(24), pp. 11995-12002

- Marc Martinez-Estrada, Baharreh Moradi, Raul Fernandez-Garcia, Ignacio Gil. (2019), Impact of conductive yarns on an embroidery textile moisture sensor, Sensors, 19, 1004
- Yan Zheng, Lu Jin, Jing Qi, Zekun Liu, Lulu Xu, Steven Hayes, Simeon Gill, Yi Li (2020), Performance evaluation of conductive tracks in fabricating e-textiles by lock-stitch embroidery, Journal of Industrial Textiles, DOI: 10.1177/1528083720937289
- Meike Reiffenrath, Melanie Hoerr, Thomas Gries, Stefan Jockenhoevel (2014), Smart protective clothing for law enforcement personnel, Material Science, Textile and Clothing Technology, DOI: 10.7250/mstct.2014.010
- Rachel J Eike, Ava Depping, Allyson Cliett (2020), Technical considerations and specifications for conductive machine embroidery, Trends in Textile Engineering & Fashion Technology, 6(1), pp. 687-696
- Viktorija Mecnika, Melanie Hoerr, Ivars Krievins, Stefan Jockenhoevel, Thomas Gries (2014), Technical embroidery for smart textiles: Review, Materials Science, Textile and Clothing Technology, DOI: 10.7250/mstct2014.009
- Linz, T., Kallmayer, C., Aschenbrenner, R., Reichl, H. (2005), Embroidering electrical interconnects with conductive yarn for the integration of flexible electronic modules into fabric. In Ninth IEEE International Symposium on Wearable Computers (ISWC'05) (pp. 86-89). IEEE.
- 박혜신, 양취경 (2004), 다두식 자수기를 활용한 패션소재 개발에 관한 연구, 한국복식학회시. 54(4), pp. 129-144
- 조길수, 양윤정, 성문수 (2008). 바이오 모니터링 스마트 의류와 E-textile 개발 현황, 한국의류산업학회지, 10(1), pp. 1-10
- 김영환, 손재기, 황태호, 김동순 (2013), 스마트 섬유기반의 의류시스템 개발 동향, 한국정보과학회, 31(1), pp. 78-87
- 서성은, 노정심 (2017), 에너지 하베스팅 패션제품 개발현황, 한국패션디자인학회지, 17(4), pp. 19-38
- 김영욱, 김재생 (2018), 웨어러블 디바이스와 헬스케어 산업의 동향, 한국콘텐츠학회지, 16(4), pp. 14-19
- 한상철, 한경수 (2014), 웨어러블 산업의 특성과 발전전략, 한국정보디스플레이학회, 15(6), pp. 23-31
- 심명희, 조윤경 (2016), 최신 e-Textile 마켓동향 및 제품개발 현황, 섬유기술과 산업, 20(2), pp. 129-138
- 양진숙, 김주연 (2015), 패션 웨어러블 디바이스 개발 사례 연구, 한국디자인문화학회, 21(2), pp. 364-376

홈페이지

- https://en.wikipedia.org/wiki/Machine_embroidery
- https://www.thinkpro.net/blog/2017/evolution-of-machine-embroidery/
- https://en.wikipedia.org/wiki/Schiffli_embroidery_machine
- http://www.brother.co.kr/
- https://www.zskmachines.com/embroidery-machines/
- https://www.tajima.com/
- https://melco.com/
- https://ricoma.com/US
- https://www.differencebetween.com/difference-between-embroidery-thread-and-vs-sewing-thread/

- https://craftsbliss.com/sewing-vs-embroidery-thread/
- https://www.sewingmachinefun.com/best-embroidery-machine-thread-types/
- https://craftsbliss.com/sewing-vs-embroidery-thread/
- https://www.digitizingmadeeasy.com/types-of-machine-embroidery-threads-when-to-use/
- https://zdigitizing.com/best-embroidery-thread-brands-in-detail/
- http://www.dong-il.com/kr/sub/product/product4.php
- http://www.chonbang.co.kr/?page_id=1372
- http://www.frti.ch/en/home/
- https://atap.google.com/jacquard/products/levi-trucker/
- https://www.amann-mettler.com/en

찾 아 보 기

저자 소개

임대영 한국생산기술연구원 수석연구원

이수현 전북대학교 조교수

노수현 한국생산기술연구원 연구원

테크니컬 자수기를 활용한
전자섬유 제품

초판 발행 2022년 4월 25일

지은이 임대영, 이수현, 노수현
펴낸이 류원식
펴낸곳 교문사

편집팀장 김경수 | **책임진행** 안영선 | **디자인** 신나리 | **본문편집** 유선영

주소 10881, 경기도 파주시 문발로 116
대표전화 031-955-6111 | **팩스** 031-955-0955
홈페이지 www.gyomoon.com | **이메일** genie@gyomoon.com
등록번호 1968.10.28. 제406-2006-000035호

ISBN 978-89-363-2290-8(93500)
정가 16,500원